U0119309

G
Great
Publish
好優
文化

閱讀的力量

Great
Publish
好優
文化

閱讀的力量

口香糖為何放在收銀台旁？

著

揭開消費心理學的107個祕密

前言 PREFACE

洞悉消費陷阱的祕密武器

從搖籃到墓地、從出生到死亡，人的一生幾乎每天都脫離不了消費行為。但是，消費心理學卻不是每個人都懂得。

從早上你選擇要買哪一間早餐店的早餐？到晚餐消夜的選擇？要不要使用折價券或是要累積消費點數？自己要買哪一款的皮包？這些無不與消費行為息息相關。事實上，這些也正是每天發生在我們周遭心理學法則的表現。這些心理學法則就像一隻無形的手，在冥冥中指揮著我們行為的方向，或是促使我們聰明消費，或讓我們掉入消費陷阱，購入了一堆用不著的東西，讓荷包大失血！

這些問題你可能早就注意到了，但是你能明白其中的道理嗎？一般情況下，人們對於與心理學相關的東西總是避而遠之、感覺高深難解，很多人會把它與神祕、深奧、難懂等概念聯繫在一起，因為人的心理千變萬化，就像一個讓人捉摸不定的精靈，無時無刻地存在於我們日常生活之中，但卻又讓人對它習以為常、視若無睹。

這本《口香糖為何放在收銀台旁？》，就要為你揭開這些消費心理的小祕密！為讀者一一剖析，在消費之時，為什麼女性就算不買東西也想逛街？為什麼你總覺得別人買得東西比較便宜？你知道為什麼標價二百九十九元的商品會比三百元的商品熱賣？商場的試衣鏡為什麼要斜著放？為什麼人們逛街的時候，走的路線不一樣，所購買的商品就會大不相同呢？為什麼銷售員總是對

洞悉消費陷阱的祕密武器

著顧客說「我們」？……為什麼這些每天充斥在我們身旁的消費現象讓你司空見慣，卻又滿心疑惑呢？

在日常生活之中，你所做的每一件消費行為、所說的每一句話，都受到自己本身一定的心理狀態和心理活動的制約與影響，你自己能覺察得到嗎？你能讀懂自己的心理嗎？本書教你從心理學法則的角度來剖析消費心理，告訴你究竟是什麼影響了你的消費態度與購買時機，並瞭解消費時店家的種種促銷行為與雙方的博弈心理反應。

本書透過大量的經驗證明，人類的消費心理活動存在一定的規律，雖然人們對於各種消費行為的心理現象都很熟悉，但卻缺乏科學的實證與理解，因此總是對各種現象覺得困惑難解。其實，只要從日常生活的一些消費瑣事中，找出一些你不曾注意的，或不曾深入思考的現象，並從心理學的角度加以解釋，就能發掘出一些沒被說出口的消費祕密！

本書共分為九個章節，包括情感消費心理、博弈消費心理、概念消費心理、崇拜消費心理、從眾消費心理、廉價消費心理、攀比消費心理、環境消費心理、聰明消費心理，涵蓋了消費中的各個層面。透過本書，你就能理解你的消費行為是被怎樣一些微妙的因素所控制著、牽引著。

作者從專業心理學的角度來探究人們非理性購物背後的真正原因，分析造成人們錯誤金錢觀的罪魁禍首，同時為讀者提供最實用、最專業的理財方法。

閱讀本書，就能告訴你如何確立消費品味，把握正確的消費準則；引導你理性購物，控制自己的消費開支；提醒你如何減少不必要的消費，實現「錢要花在刀口」的購物新革命；幫助你識別商品品質，買到自己最合意的商品；提醒你防範消費陷阱，不被虛幻的廣告所欺騙。讓你擺脫非理性購物的窘境，聰明避開商家促銷的陷阱！

目錄 Contents

CHAPTER 1 情感消費心理學——花錢其實是一種癮

CHAPTER 2

博弈消費心理學——不落入陷阱，當個消費贏家

概念消費心理學——解開消費迷思，幫你守住荷包

崇拜消費心理學——解開讓你花錢不手軟的祕密

從眾消費心理學——不讓「盲從」掏光你的錢

CHAPTER 6

廉價消費心理學——「省錢」和「花錢」只有一線之隔

攀比消費心理學——建立「不隨波逐流」的理性消費觀

環境消費心理學──「黃金店面」的吸金大法

CHAPTER 9

聰明消費心理學──用頭腦血拚，才能讓你省更多

chapter 1

情感消費心理學

▶花錢其實是一種癮

①
真開心，這件小禮服好漂亮。
②
小禮服很漂亮，但是不實用啊，還好我沒帶那麼多錢，我要理性消費！

1 為何女人愛血拚，男人痛恨逛街？

▼心理學關鍵字：心理滿足感

世界上有什麼事情是女人樂此不疲，卻最讓男人頭疼不已的呢？答案就是「逛街」。這也是兩性消費心理差異的典型表現。為什麼會造成這種差異呢？女人究竟想從逛街中獲得什麼呢？

◆購物過程的滿足感：女人逛街的樂趣在於走過各式各樣的櫥窗和陳列櫃檯，在並非預計購買的商品中翻看尋找。這對於買東西毫不拖泥帶水的男性來說，卻是一種最大的心理折磨。所以男人陪女人逛街時，通常問得最多的話是：「還要逛多久？」「你到底想要買什麼？」

從心理學的角度來看，女性在逛街時會產生一種「心理滿足感」，縱使沒有購買行為，也能在過程之中獲得愉悅自得的滿足感受。也就是說，女性購物是為了享受過程，而男性購物則是為了結果。根據心理學家研究，光是從瞭解商品的價格、品質，這種購買模式就能帶給女性想要的滿足感。女性愛逛街的一個很重要的動機，是經由挑選賞心悅目商品達到一種愉悅的感覺，或借由觸摸物品等行為釋放出令人愉悅的腦內啡（Endorphine）。

◆認同的滿足感：女性喜歡逛街，亦是出於一種「群體認同心理」。當女性在逛街時，常常是三五好友偕伴相約，互相交換購物心得與消費情報、或是提供參考意見，經由討論商品的好壞優劣、與自己的喜怒哀樂等情緒，透過共同的消費行為來達到情感的抒發，從而獲得一種彼此認同的滿足感。

◆**互動的滿足感**：女性逛街時，一般都喜歡詳細詢問老闆或店員各式各樣的問題，透過購物行為，進行一種無負擔的人際互動模式，獲得人際交往的滿足感。

大多數女性都會認為抵禦購物誘惑是件很困難的事情，不妨透過下面五個簡單的技巧幫助你控制自己的消費預算。

必殺技1. 不帶多餘的現金：當準備出門去逛街時，最好先決定自己的消費預算是多少。決定好了，就帶剛剛好足夠的現金出門，把多餘的現金和信用卡留在家中。

必殺技2. 一個人逛街：和朋友們一起逛街往往意味著會花比較多的金錢。因為女性很容易受購物氣氛的影響或在朋友的鼓動之下，產生從眾心理，購買一些自己不見得很喜歡或其實不太需要的商品。所以最好還是選擇自己一個人逛街，精挑細選自己真正想要購買的東西。

必殺技3. 換種休閒活動過週末：如果週末假日已成為你生活中習慣的採購日，那麼不妨在這天安排些別的戶外休閒活動，譬如爬山、打球……，盡量不要安排和購物有關的事情。

必殺技4. 購買單價不高的物品：如果你無法習慣兩手空空什麼都不買的狀態，那就不如買一些可以滿足自己內心渴望的小物品。這樣既可以滿足自己的欲望，又不會花掉太多的錢。

必殺技5. 情緒好時再逛街：千萬不要在自己饑餓或不開心的時候逛街。因為饑餓的腸胃會影響你衝動地將購物籃裡裝滿其實並不需要的食物或商品，只有情緒好的時候，你的理智才能發揮功能，阻止自己做出錯誤的購物決定。

2 為什麼整容會一整上癮？

①
我需要把鼻子墊高一點、
再割個雙眼皮……
健康保險

②
但是我真的好怕痛喔！
還好哈尼說他最喜歡我自然
的樣子。

▼心理學關鍵字：低落的自尊心

愛美之心，人皆有之。隨著醫學的進步，微整形手術已經成為許多愛美人士追逐青春美麗的「法寶」。然而，有些人似乎整容整上了癮，總是覺得鏡子裡的自己似乎永遠少挨了一刀。這種寧可挨痛，也要愛美的背後究竟有著什麼樣的心理需求呢？

心理學家認為整容的真正原因其實是拒絕自己，同時也拒絕自己的身體，有著相對低落的自尊心。自尊是自我系統的核心成分之一。缺乏自尊的人，即使長相不錯，也還是不能接納自己。只有當她們永遠年輕漂亮，經常被他人讚美，她們才會覺得有成就感，認為自己是有價值的人。因此，她們容易陷入挑剔自己容貌的泥淖之中，不怕疼痛的願意一次次在自己臉上、身上動刀。

低自尊心的人會不斷尋找不同提升自尊的手段，其中一種就是「整容上癮症」，透過「美麗」來尋求他人認可；有的則是工作狂，透過「事業」上的成就來肯定自我價值；根據心理學家分析，還有一些專事奉獻犧牲的人士，如傳教士、修女或是義工，其實是透過別人對自己提供的「服務」、道德上的肯定進而來肯定自我。當然後兩者屬於對社會有助益的昇華行為，所帶來的貢獻與整容不可相提並論。

雖然外貌與自尊存在著某種程度的關係，但自尊心絕對不僅僅取決於姣好容貌與苗條身材而已。有不少長相平平的人照樣生活得開懷自在，正是因為他們對人生的價值擁有正確的認知，知道人生的重要價值不僅僅存在於外在的表象。想要改變整容成癮者的心理行為，可以嘗試用下面幾個小方法來幫忙「踩剎車」。

方法1. 建立內在的自尊：首先，要學會愛自己、接納自己絕對是最重要的步驟。當然，也是最困難的一個部分。心靈的重塑工作最好在心理諮詢師幫助下去完成，不僅能解決整容成癮的問題，還能一併解決性格中的其他相關問題。

方法2. 停止反芻式的思維：有時候我們的思維容易停滯在某件事上，陷入其中難以轉念，反映到行為之上，稱為「強迫症」。比如總覺得自己手髒，反覆洗手就是一種常見的「強迫行為」。與此類似，整容上癮者的思維也常停留在要把自己變得更美的焦點上而欲罷不能。不妨用「轉移注意力」的辦法，幫助她們去多關注其他的事情，或是多培養其他的興趣。

方法3. 遏制衝動的行為方式：整容成癮的人多半也是購物狂，最容易被推銷員或廣告的花言巧語所打動。有效的改變方法就是「不要立即做決定」。若是有整容的念頭出現，不妨等一個月以後再考慮，也許被激情拉緊的韁繩就會鬆懈，能夠重新理性思考整容這個問題。

方法4. 增加對風險的評估：整容成癮者對於風險的認知有時是不完整的。其中有些人甚至可稱為「盲目的樂觀主義者」。就像認為炒股票一定會賺錢一樣，她們常一廂情願地以為整容所帶來的結果就是「美麗」，而對微整形手術失敗的風險認知不足。因此，應該要在整容前詳細解說，讓她們意識到這其實是一項有風險的行為，衡量是否有足夠的準備去承擔手術所帶來的各種風險。

3 你為什麼變成「購物狂」？

①全部給我
包起來。嘻嘻！
②卡都刷爆了，
下個月該怎麼辦呢？

▼心理學關鍵字：強迫性購物行為

百貨公司或購物商場是一個充滿誘惑的場所，五花八門的商品時時刺激著我們的購買欲。如果你完全不需要某種商品，但卻非要購買，或者買不到某種商品心中就難以忍受，那麼，你可能即將要成為「購物狂」了。

購物狂行為在心理學上被稱為「強迫性購物行為」（compulsive buying behavior），指的是一個人無法控制自己的購物欲望，只想瘋狂消費，而不考慮後果。

根據心理學家研究，讓人變身成「購物狂」其實有幾項心理因素：

1. 為了排解焦慮：當人們出現緊張、焦慮、嫉妒、孤獨、性壓抑等負面情緒時，常會導致人們漫無目的地購物血拚。在這一消費群體看來，「遇到不開心的事，只要去瘋狂的大肆採購一番，想盡辦法把口袋裡的錢花光，心情也就好了」。似乎當遇到不如意事情的時候，購物和大把地花錢是他們緩解壓力、平衡情緒和宣洩無奈的最佳方式。

心理學家認為，有強迫性購物行為的人，往往是因為有過成功的焦慮情緒處理體驗之後，每當遇到壓力，都會習慣性地採用同樣的購物行為方式來應對，緩解自己的壓力，漸漸的就變成了「購物狂」。

2. 自卑造成的炫耀心理：強迫性購物者的另一個顯著特點，就是他們都缺乏自我價值感和自信心。需要透過所購買「名牌、精品、高價、絕版品、限量版」等物品來間接為自己定位。

也就是說，這類型的消費者對自己的評價很低，認為自己的存在沒有什麼特別的價值。因此他們選擇用購物做為重獲自信的方式，依靠他人稱讚等評價來肯定自己，希望能以此來獲得更多的認同感，展現自己的價值。然而結果卻事與願違，心理學分析認為，因自卑而產生的強迫性購物行為，不僅無法達到提升自信的目標，反而會因盲目消費產生自責內疚的心理，反而又將自我評價降得更低。

3.不計後果的衝動性格：強迫性購物的人大多是衝動的，他們一旦有了想法，就會立刻實行，很少理性思考。他們常常無法克制自己的購物欲望，一旦有了看中意的商品，就會不顧價格，將所有喜歡的物品收入囊中。

心理學家認為設置在購物商場的精美廣告所起的作用不可低估，正是這類廣告對感官的強烈刺激，使得人們拎著大大小小的戰利品滿載而歸。但衝動購買的結果可能是將這些用不到的物品，還未打開包裝就直接「束之高閣」。

4.無聊打發時間：購物有時是為了消磨無聊的閒暇時間。當人們找不到有興趣的活動之時，逛街購物往往就變成主要的娛樂，是一種「主動，實為被動」的複雜心理過程。

5.社會上的消費觀念：除了從個人心理層面來解釋人們瘋狂購物的原因之外，它還有著深刻的社會文化因素所形成的價值觀。心理學家認為，人們在購物廣告的潛移默化之下，會形成一種價值觀：「工作是為了賺錢，賺錢是為了享受」。當經濟條件漸優之後，這些受到嚴重心理暗示的人，就會在潛意識中接受這類的說法，不過欲望的閘門一旦打開後就難以收拾了。

4 幫你戒掉衝動購物的「癮」

②
這些打折的鞋子
也不錯呢！
統統買回家吧！
SALE

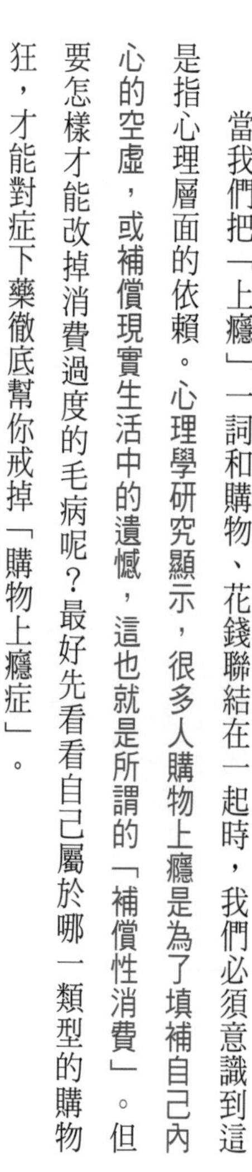

▼心理學關鍵字：補償性消費

當我們把「上癮」一詞和購物、花錢聯結在一起時，我們必須意識到這是指心理層面的依賴。心理學研究顯示，很多人購物上癮是為了填補自己內心的空虛，或補償現實生活中的遺憾，這也就是所謂的「補償性消費」。但要怎樣才能改掉消費過度的毛病呢？最好先看看自己屬於哪一類型的購物狂，才能對症下藥徹底幫你戒掉「購物上癮症」。

◆**網路購物狂**：閒來無事就想要上網流覽購物網頁，不看就覺得渾身不自在，常常忍不住點擊購買。心理學家分析，有些人購物過於依賴網路世界，反倒不願與外界店家實際接觸，若已完全處於這種狀態，就不僅是單純功能上的使用依賴，而是一種過度沉溺或是上癮的徵兆了。

戒癮法1. 建立優質人際互動：過分迷戀網購，除了網路的便利性使然，其實還是一種不安全的心理表現。從心理學分析，這類人往往缺乏自信或者人際關係不和諧，因孤獨、緊張、焦慮而習慣用網路購物的形式來填補內心空虛。因此，當情緒狀態不佳時，就要提醒自己尋找正確的壓力緩解途徑，不妨找幾個和你沒有利益衝突的朋友聊聊天，建立可信賴的人際關係；或參加運動、短途的旅行，放鬆積壓已久的情緒。

◆折扣購物狂：這類型的消費者，每到打折季，就準備開始摩拳擦掌、興奮異常。心理學家認為，這類型的人通常在購物時只憑心情好壞、個人喜好等內在因素來決定是否購買，從來不考慮適用性、季節性、支付能力等外在條件。很多商品對他們來說並沒有多大的用處或者常重複購買。

戒癮法2. 建立正確消費觀：這類型的消費原因有很多種，一部分是因為虛榮的比較心態，以及部分是由於從眾心理使然。要戒掉這類消費成癮的習慣，就是要建立正確的自我認識。唯有正確的認識自我，瞭解外在的美只是錦上添花，而內在的美才是真正價值的關鍵所在，建立「沒有最好的物品，只有最適合自己的物品」的正確購物觀念，才能抵抗折扣時的購物誘惑。

◆信用卡購物狂：這類型的消費者，只要消費就取出信用卡，有的人甚至直到信用卡刷爆，才如同大夢初醒、得到一種滿足的快感。心理學家表示，他們希望透過高消費來釋放工作和情感的雙重壓力，「刷卡」成了他們無法滿足自己需求的替代品。實際上，這種衝動型消費也有點像賭博，下注的同時也希望它為你獲得意外的收益，比如：更滿意的男人、更優秀的工作表現、更多人的讚嘆……。但當這一切的外在物質並不能給你所想要的東西時，你就會認為是自己下的注不夠多、投下的資本不夠多，於是就會選擇砸下更多的金錢，購買更高檔的服裝，追逐更高品質的休閒娛樂。這一切就像是個惡性循環，在掏空你腰包的同時，其實也是讓你一無所有。

戒癮法3. 減少可用資金：學會理性消費是戒掉卡奴一族消費成癮的妙招。不妨在購物前先列張清單，把想買的東西分成三類：一、想要，但不需要的。二、可能需要的。三、真正需要的。清楚分類之後，根據自己手頭上現有的金錢來規劃購物。同時，要養成使用現金消費的習慣，這樣絕對有助於控制消費額度，必要時甚至可以暫時剪掉信用卡。

5 店員多找你二十元，你會歸還嗎？

▼心理學關鍵字：誠實行為與道德情感的約束

新開一家超市，
買零食去。
超市

買了好多東西啊！
去結帳吧！

好重啊！
休息一下。
出口

咦，怎麼錢和數量不對
呢？多找了20元，還
有包薯片沒算錢。
還是把錢還回去吧！
收銀員很辛苦的。

如果你在超市裡買東西，店員多找了二十元，你會把錢還給他嗎？

或是當你在超市結完帳離開之後，發現因為店員的疏忽，有一包價值二十元的薯片忘記結帳了，你會回去重新付款嗎？

通常來說，既然都價值二十元，那麼人們兩次選擇的結果應該一樣才對。不過根據調查結果顯示，只有九〇%的人會在第一種情況下選擇把錢退給店員。但同樣這批人，在面對第二種狀況時，卻只有一〇%的人願意回去重新為那包薯片結帳。為什麼人們面對二十元的現金和價值二十元的物品，在願意採取誠實的行為上，卻有著這麼大的區別呢？

其實這就是人們內心的心理情感在作祟。心理學家說，人們之所以採取誠實的行為，很大程度上是害怕受到懲罰；此外，就是同情以及愧疚這類道德情感的約束與驅使。這種情感愈強烈，其推動力就愈大。面對店員多找的錢、或者沒有收費的商品，顧客都不會因此而受到特別的懲罰，所以，他們採取誠實行為就與道德情感密切相關了。

一般來說，超市每天都會在店員下班之後，仔細核對收銀機的金額與其所收的實際款項是否符合。如果發現缺少二十元，店員就得自己掏錢補上，這對時薪不高的店員來說損失未免太大。若是顧客不退還多找的二十元，心裡總會覺得過意不去，正是這種潛在的內疚感，讓他們選擇把錢退回去。

但如果是某件商品沒有收費，儘管同樣是二十元，承擔損失的人卻是看不見的超市經營者。在顧客眼中，超市的經營者應該是個個腰纏萬貫，損失區區二十元也不算什麼。甚至有些人對於經營者有一種天生的反感，認為為什麼東西總是賣得這麼貴？所以他們潛意識會把經營者當成「為富不仁」的人。

既然如此，就會在心理上自我開解，因此受到道德情感上的約束就會小得多，讓沒結帳的薯片拿得心安理得。雖然這種行為不值得提倡，但是我們卻可以看到這種心理作用對於某些消費行為的影響還是存在的。

6 為何女人比男人更愛旅遊？

▼心理學關鍵字：情感依託

隨著社會快速發展，女性的社經地位不斷地提高，女性到世界各地旅遊的需求也不斷增加。

在各大旅遊景點，女性的身影幾乎隨處可見，不論是三五好友偕伴同行、或是單身女性遊客的數量都要遠遠多於男性遊客。但其實女人和男人在旅遊的心態是不相同的。

對於大部分的男性來說，他們出外旅

行的目的可能是因為生意需要、或是增廣見聞，旅行只不過是一項任務而已。大多數男性都受不了在旅遊途中沒完沒了地走走停停或是逛街購物，比較喜歡走到一個地方就停下來，他們大多厭煩旅途的勞累。基於男性這種渡假需求，都市男性最風行的休閒旅遊，除了隨心所欲的自由行之外；就是找一個舒適的休閒渡假村，什麼都不用去想，可以整天休息或健身的無負擔旅遊。

旅遊對女性來說則意義十分深遠，甚至是一種變相情感上的依託。因此，旅遊幾乎是深受各年齡層女性朋友熱衷的休閒活動。旅遊對女性的重要性如下：

1. 在安排不同的旅程中，可以見識不同國情、不同的風景特色。
2. 旅途中不可預知的人事物，恰巧也是誘惑魅力所在。
3. 購物旅遊絕對是女性朋友戀戀不捨的重要理由。尤其是香港、日本、歐美，女人們不一定都對海洋公園或是教堂、博物館感興趣，也不一定熱衷太平山頂或是布魯克林橋的璀璨夜景，但肯定很熟悉銅鑼灣、旺角、紐約時代廣場、東京新宿街頭……等著名商場。尤其在打折的季節裡，為自己或幫朋友購物更是旅遊的重頭戲。旅遊時的血拚絕對會讓女性朋友心情愉悅、驚喜不斷，讓旅途更多采多姿。
4. 旅遊的另一特性是自由，因此是成熟女性對生活常態的「脫逃」和「放下」的一種方式。她們渴望從日復一日重複性的生活中走出來，回到青春十足的個性少女時代，重新過一次沒有現實壓力、沒有重複繁冗的生活。
5. 逃避情感羈絆與困境的理想生活。當她們在成人的感情世界裡迷路之時，旅遊可以為她們重新找回自己的生活重心；甚至期望譜出一段浪漫無比的異國戀曲。
6. 女性在旅遊中會不止一次的選擇去同一個景點，除了個人的特別喜好之外，撿拾美好回憶等情感上的依託也佔了重要的因素。

7

為什麼有些人不易受廣告誘惑？

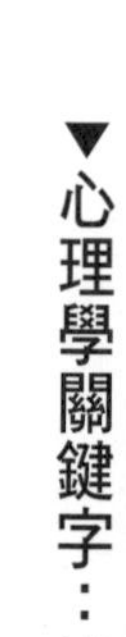

①
親愛的，我們去買洗髮精吧！
家裡的用完了。

③
親愛的，這個是
新產品哦！

④
這個也不錯。
售貨員說賣得很好呢！

⑤
我不要別的牌子。

⑥
不知不覺買了這麼
多東西。
哈尼果然最愛我了。

許多消費者常常固定購買某種牌子的商品，華麗炫目的廣告對於他們似乎起不了一點兒作用！

實際上，習慣購買某一特定品牌，要比在許多競爭激烈的同質性品牌中來得更容易選擇。

另外，消費者對某些品牌的忠誠度，也會使得其它品牌很難贏得過。但是，為什麼廣告會在這些人身上失去效果呢？

心理學家進行了大量的研究，結果認為消費性格的差異，會反映在日常生活上，而造成購買行為的不同。消費性格主要包括以下幾種類型：

類型 1. 壓抑型的顧客：這類型的消費者在購物過程中情緒變化緩慢，觀察商品仔細認真，而且習慣於對商品有完整的瞭解與體驗。在購物的過程中，不太願意與人溝通，決策過程緩慢，既不相信自己的判斷，又對售貨人員的推薦與介紹懷有戒心，甚至購買後還會疑心是否吃虧上當，廣告對於這類型的消費者影響往往不大。

類型 2. 活潑型的顧客：這類型的顧客對新商品的接受度高，對於廣告、售貨人員等外界刺激反應迅速，也對購物環境和周圍的人事物感受敏銳。他們通常表達能力強、表情豐富、善於交際，樂於主動與售貨人員進行接觸，積極提出問題並尋求諮詢。有時，還會徵詢在場的朋友或其他消費者的意見，表現活躍親切。因此，廣告對這類消費者的影響比較容易奏效。

類型 3. 興奮型的顧客：這類型的消費者在購物過程中情緒變化激烈，肢體與面部表情豐富，如果購物時需要等待或售貨人員的言行怠慢，有時會激起這類顧客煩躁的情緒、甚至激烈的反應。他們喜歡購買新穎奇特、標新立異的商品，一旦被商品的某一特點所吸引，往往會果斷的作出購買決定，並立即交易。不願花費太多的時間進行比較和思考，而事後又往往後悔不迭。也就是說，廣告對這類型的消費者產生的影響，通常最易發生效果。

在購買活動中，顧客各具特色的言談舉止、反應速度、精神狀態等都會不同程度的將其本身的消費性格反映出來。而心理學家們對消費性格的研究，對於產品的生產廠商來說是很有價值的。例如，若是一個廣告商知道了喜愛某種品牌洗髮精的人，與喜歡另一種品牌洗髮精的人其消費性格差別所在，就可以針對不同個性的人設計出各種不同的廣告，達到最大的銷售效果。

8 消費習慣相反更易結為夫妻

▼心理學關鍵字：性格上的「互補效應」

親愛的，
我要買這個。
不沾鍋

這個我也要。

④ 這個月的房租、車貸、水電費都還沒交呢。

我家親愛的太有責任感了，
知道勤儉持家。

一項針對婚姻中夫妻雙方個性差異的調查結果顯示，當談到對消費的心理反應時，有相反心理反應的人會互相吸引，這就被稱為是性格上的「互補效應」。

所以，先別急忙責備受不了伴侶的消費習慣，另一半與你截然不同的消費觀，或許正是你們結婚的原因之一。

也就是說，花錢比正常情況下還少的

人，與花錢比正常情況下要多的人常常會結為夫妻；一位習慣衝動購物的婦人，也許她的丈夫正是一位總是會貨比三家的男子；一位拎著名牌凱莉包的女子，她的丈夫也許正是一位精打細算的生意人。

心理學家分析，節儉成性的人內心並不喜歡外界視他們為「小氣鬼」，因此特別容易受到花錢毫不手軟的人所吸引。我們都知道同性相斥，異性相吸的道理。這個定律用在外貌、個性、習慣上似乎也是相通的。

例如，一位金髮碧眼的氣質美女會被一位棕髮褐瞳的陽光男子所吸引；個子嬌小的女性或矮小的男性，會迷戀一位身材英挺高大的伴侶；安靜害羞的人也常會被聚會時活力四射的靈魂人物所吸引……，這些也都可說是性格上的「互補效應」。

雖然有些研究顯示，對於一對夫婦來說，相似的價值觀有時會比不同的觀念，反而更能讓他們朝著同一個積極的方向邁進。但是有不少夫婦反倒認為，他們正是被對方所擁有的某些截然不同態度和觀念所吸引。就像是一個不夠完美的圓，必須找到相似卻又相反的另一半，才能夠互補、圓滿。

甚至在戀人相識的最初，正因這種差異是如此的新奇、如此不可思議，彼此才會互相的深深吸引。不過要注意的是，正由於雙方是如此的不同，所以在溝通時要時常記得彼此不同的一面，不要讓「不同」成為彼此關係破裂的最終原因。

因此，提醒那些因相反消費習慣而結為夫妻的人，要時時刻刻提醒自己多想到對方的優點。在腦海中想像愛情能夠抵禦一切困難的畫面是十分美妙的，但應該做好心理準備，認清並克服那些最初讓彼此互相吸引的不同特質，這樣才不致讓它成為最終雙方互相排斥的因素，以及避免引發不必要的財務衝突。

9 為什麼退休後反而換棟大房子？

▼心理學關鍵字：空巢期的心理需求

①
退休在家，
真是好孤單啊！
②
哇！豪宅！

③
如果買了大房子，孩子們
應該就會常回來了。

④
好！就這麼決定了。
⑤
BANK
⑥
爺爺奶奶
家真大、真漂亮。

一般來說，上了年紀的人退休之後，依然會住在自己原先的房子裡。

倘若退休之後要搬家，一般來說在子女長大紛紛離家獨立的情況下，應該會在附近或其他氣候適宜的地方，換一間比較小的住處，供自己或退休的伴侶兩人一起生活，這是一般來說會做出的選擇。

但是近期一項對退休人士的調查卻顯

示，愈來愈多的退休者，會選擇把自己原先的房子賣掉，然後在附近買一處更大的房子；或縱使是回到鄉下老家定居，也會將舊家翻修，多整理出一、兩間空房間來。這種現象不僅在亞洲國家如此，在歐美國家目前更是常常出現。但奇怪的是，老人家為什麼要這樣做呢？

也許有人會說，那是由於老人們退休之後，領取了一筆退休金、或是不用再負擔孩子的教養生活費用，手頭比較寬裕，所以有購買新房子的財力。當然，這樣的解釋有一定的合理性，但是既然孩子們都已經長大，搬出去住了，退休老人為什麼還要換購大房子呢？而且還是在原先居住地的附近？其實，很多人退休後，還是會買大房子，這個問題，不能簡單的以供求關係來解釋，因為這裡面含有人們複雜的心理因素，主要是由於空巢期的心理需求，而這樣的心理因素，正影響了不同的經濟活動。

退休老人之所以這樣做的主要原因，是為了吸引子女以及孫兒、孫女們經常回來陪伴，這裡面包含著祖父母渴望和孫兒、孫女們見面、聊天的心理需求。在現代社會，兒女們在外地往往忙於工作，因此上年紀退休在家的人中存在很多「空巢」的現象。

祖父母平常難得見到自己的孫兒、孫女們，為了增加他們的來訪次數，退休老人便透過購買大一點的房子來迎接他們，以便兒孫來訪時，有寬廣的房子和足夠的房間可住。他們把新房子建在原來住所的附近，建得比原來的更大，都是出於此目的。只要能吸引孫兒、孫女們經常回來玩、承歡膝下，他們就覺得如此付出是值得的。

否則，即使住在原來的小屋中，事實上他們也是無所謂的。因此，雖然孩子已經成年離開家獨立生活了，但還是會買大房子，不是因為房價便宜、或者經濟收入變高、或是自己有了多餘的閒錢，而是為了空巢期的心理需求，希望能提高自身在晚輩有限的訪問次數中所占的份量。

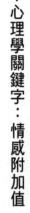

10 送禮有學問，為什麼不直接給錢？

▼心理學關鍵字：情感附加值

① 快過年了，得去
買點禮品送人。

② 要買煙、酒、
點心……

③ 這個送主管。
④ 這個送長輩。
⑤ 這個送給親愛的。

⑥ 嘿喲嘿喲……
好重呀！

當有朋友、親人過生日或者升遷、搬家的時候，為什麼絕大多數人都會精心挑選一份禮物來送給對方，以表示祝賀，而不是直接給對方錢，讓他自己購買喜歡的東西呢？

親人及朋友之間相互送禮，是為了傳遞一種祝福，表達一種誠意，很多人會在送什麼樣的禮物上花費很多的時間、很大的精力，以及投注很大的財力。雖然送出的禮物有時對方不一定完全滿意或實用，如果讓他自己挑選，也許他可能會看上別的顏色或圖案。即使這樣，對方還是會心懷感激。原因在於，你已經為這份禮物特地花了許多的時間和精力，若是將這些情感成本加進去，就會讓對方覺得彌足珍貴。

因此，我們常說：「千里送鵝毛，禮輕情意重」就是這個道理。這種情感上的附加價值，也正是一種心理效應，除了自身的價值外，其中所凝聚的情感因素這項附加價值，會更讓人覺得受到重視，心裡感到溫暖和感動。

在現實生活中，我們要如何挑選對方想要的禮物呢？就從送禮給主管、親戚、朋友各個不同的面向，逐一剖析收禮方的心理，讓你輕鬆擺脫選禮物的苦惱。

1. 送禮給主管：應該莊重和正式一些。送禮時切忌張揚，以免讓人多生誤會。除非迫不得已，千萬不宜送出金錢，這樣主管會認為你對他別有所求，反而會造成尷尬和麻煩。主管一般應酬比較多，可以考慮送些解酒的保健食品或者煙酒之類的禮物。當然，還是最好視主管的個別喜好來決定。

2. 送禮給親戚：不必過於貴重，禮輕情意重即可。禮物的包裝盒盡量精美一些，要記得將價格標籤撕下，千萬不要忘記這些小細節。送禮物給親戚最好知道親戚的年齡、喜好或需要，才能送出比較合宜的禮物。譬如年紀大的長輩可以送些養生保健的用品或食品，親友的孩子就可以送玩具、圖書或餅乾糖果類。

3. 送禮給朋友：針對不同朋友的不同個性來挑選禮物，個別性最好強一點。譬如喜歡追求流行的朋友，可以送一些時尚小物；喜好運動的就送些運動器材用品；要好的女性朋友，不妨送一些護膚、化妝品。送禮送到對方的心坎裡，絕對會有效增進彼此之間情誼的效果。

11 為什麼要花錢看恐怖片？

▼心理學關鍵字：刺激的滿足

縮在椅子上等電影主角驚聲尖叫，透過自己的指縫既好奇又害怕地捕捉螢幕裡的畫面，看完電影不敢一個人回家，不敢一個人去廁所……我們或多或少都有過類似這樣看恐怖片的經歷。小時候還可能在看完恐怖片後心有餘悸地害怕了一個星期，硬擠著和父母一起睡，或者到哪兒都不敢關燈。那為什麼這麼害怕，大家還要花錢看恐怖片，不但買驚嚇、還自討苦吃呢？心理學家說看恐怖片其實是為了達到「刺激的滿足」，這種生理和心理的雙重需要。

刺激1. 轉化多餘的荷爾蒙：心理學家認為，人們的情緒、神經系統如果一直處於十分規律、平穩的狀態，是不符合生理規律的。就如同人類原始的狩獵需求一樣，需要一些刺激打破這種平靜，才能達到生理和心理的平衡。

有一項統計顯示，喜歡看恐怖電影的觀眾，大多數是青少年，主要年齡集中在二十一歲左右，且以女性觀眾居多。因為青少年正處在生理和心理的高速發展期，看恐怖電影所得到的刺激，也正是他們多餘荷爾蒙轉化的一種方式。

刺激2. 最恐懼，也最快樂：心理學家研究發現，觀看恐怖電影的人，同時享受著快樂和不快樂兩種情緒。人們確實享受著「被嚇得要死」的感覺，直到電影結束才能鬆一口氣。因此，可以說看恐怖電影是最恐懼的時刻，也是最快樂的時刻。

不過，恐怖片讓我們放鬆心情、緩解壓力的同時，也會造成一些負面影響。根據幾項統計顯示：八〇％的受訪者承認，在看了恐怖片後的當晚難以入睡；其中有二〇％還抱怨一連好幾個月睡眠品質都受到了影響。七十六％的受訪者透露，在看完恐怖片後，自己在情緒和行為上都出現異常，但其中一半以上在一周內即可恢復正常，另有二十四％的人聲稱在一年內其影響都未完全消失。六十五％的受訪者覺得自己在看恐怖片後變得相當膽怯，甚至不敢接聽午夜後打來的電話。三十五％的受訪者坦承自己在看完恐怖片後變得神經質，經常疑神疑鬼。因此，對於花錢買驚嚇一事，還是需根據自己身體及精神狀況來決定。

消費心理測驗

購物時，你的潛意識裡最害怕什麼？

在兇殺案現場，被謀害的女子手中正抓著一支斷裂的口紅，請用直覺推斷她遇害的原因。

A. 強盜闖入家中劫財劫色　B. 男友報復她移情別戀

C. 暗戀她的人所為　D. 情敵下的毒手

★答案解析：

選擇A—在意買到瑕疵品：你潛意識裡最大的弱點是害怕苦痛和死亡的威脅。反映在消費心理上，你最常擔心買到了有瑕疵的商品，不完美的商品，總讓你坐立難安。

選擇B—怕買不到限量商品：你心裡的弱點是害怕親友的死亡。反映在消費心理上，你最常擔心買不到限量或整組銷售的商品，或無法抗拒店家打出最後特賣的廣告。

選擇C—只想買最愛的款式：你最感到恐懼的是自然界無法解釋的現象。反映在消費心理上，在購物時，你最討厭買不到自己心愛的花色或款式，這會讓你感到非常焦慮。

選擇D—功能和價格是唯一考量：你心裡的弱點是害怕背叛。你無法面對情人變心或親密的摯友出賣你。反映在消費心理上，你最不喜歡買到功能性差、價格又貴的商品。

12 作對心理，讓你就是不掏錢！

▼心理學關鍵字：「超限效應」

①
一個廣告總是重複播那麼多遍，還是關掉好了。

②
天氣不錯，去逛街吧！

③
餅干
感覺還是貴的商品品質好。

④
減價
降價的商品應該不是太好的。

⑤
剛剛看到這個產品的電視廣告好討厭，還是別買了。

⑥
最後，還是買了一整籃的東西……

你有過「偏不想買」的經歷嗎？是什麼讓你下定決心，無論如何就是不想要購買呢？

回答這個問題之前，先來看一則故事：美國著名幽默作家馬克・吐溫有一次在教堂聆聽牧師演講。

最初，他覺得牧師講得很好，讓人萬分感動，於是準備等一下一定要捐款。過了十分鐘，牧師還沒有講完，他有些不耐

煩了，決定只捐一些零錢。又過了十分鐘，牧師還沒有講完，於是他決定一分錢也不捐了。等到牧師終於結束了冗長的演講，開始募捐時，馬克・吐溫由於氣憤難消，不僅未捐錢，還從盤子裡偷了兩元。

這種個故事說明了，超過負荷的刺激會引起心理的反抗現象，這就稱之為「超限效應」。也正是由於這種心理，會讓我們產生偏偏不買的心理狀態。以下就有幾種「超限效應」產生作對心理的具體表現：

原因1.「感覺」造成的作對心理：當人們的感覺器官持續受到某一物品的過度刺激時，就會引起感受性降低，形成感覺上的鈍感。

如連續品嘗甜食，就會產生味覺適應，降低對甜味的敏感度。這就是為什麼人們吃過巧克力，再吃西瓜就會覺得西瓜不甜的道理。此時，倘若繼續增加刺激量，就會引起人們厭倦、煩膩，從而對該商品產生反感、排斥的心理。

原因2.「廣告」造成的作對心理：在廣告宣傳中，某些不適當的表現形式或內容也會形成過度刺激，引起人們的反感。比如，同一時間連續重複播放相同的廣告，或是過分的渲染、誇大或吹噓，或廣告內容庸俗沒格調等，都有可能引起人們厭煩的情緒與抗拒的心理。

原因3.「低價」造成的作對心理：價格在人們心中具有敏感度高、反應性強、作用效果明顯的特點。一般價格的漲落會直接抑制或激發人們的購買欲望，兩者通常會呈現反向關係。

在某些特殊因素的影響下，譬如對物價上漲或下降的預期心理，或對業者降價銷售的行為不信任等，也會引起人們對價格變動的作對心理，導致「買漲不買跌」、「愈降價愈不買」的叛逆行為。

13 選項愈多，愈難以抉擇

▼心理學關鍵字：「手錶定律」

親愛的，我想吃冰棒。

好多種類啊！

太多種類了。

算了，不知要選哪樣？我們還是回家吃飯吧！

現實生活中，我們經常會在逛超市時，停在貨架旁躊躇不前，不知到底該買哪一種，或光是挑選冰棒、飲料等各類商品時，就要花上好幾分鐘。為什麼他們要挑選這麼久呢？

原因就在於，不管是做任何事情，當可供參考的意見愈多，可供選擇的餘地愈大，反倒不是什麼好事，它常常會讓我們不知道該如何做出正確的選擇，用心理學名詞概括解釋就是「手錶定律」。

也就是說當一個人擁有一支手錶時，可以確切知道現在的時間；但當他同時擁有兩支以上的手錶時，反而卻無法確定究竟哪一支錶的時間才是正確的。「手錶定律」告訴我們，如果一個人做事有兩個原則，那麼必定無法將事情做好。

美國哥倫比亞大學和史丹福大學的心理學家曾做過這樣一項實驗：讓消費者選擇在六種果醬中挑出一種，或者要從二十四種果醬中挑出一種時，人們大多願意有更多的選擇。可是在最後決定購買時，在六種果醬中選擇的人們所做出購買決定的速度，是在二十四種果醬中選擇所做購買決定速度的十倍。

其實這就是「手錶定律」的典型表現。因此，我們無論做任何事情，一定要有一個最高的價值取向，這樣在不同的價值發生衝突時就可以明確做出取捨。在消費活動中也是如此，若當可以選擇的種類太多時，我們反而會無所適從，不知道選擇哪一樣才好。

如果不是買果醬這樣簡單的消費，而是關乎投資的重大事件又是如何呢？研究發現，這種情況下，人們的表現並沒有好太多。過多的選擇總是會讓人們變得更加保守，不願意為極有可能獲得的收益甘冒一些風險。在這種情況下，人們可能會採取一種簡化策略，要不是隨便選一種，要不是就什麼都不選。

所以，當要作出一些重大的決策，如高價的商品買賣、抵押，或是在投資之前，務必要多加考慮，認清楚自己需要的究竟是什麼？所能承擔的風險到底有多少？當掌握清楚了大原則，就能盡量避免因為一時衝動，所帶來無法挽回的損失。

14 買名牌，是一種自我認同

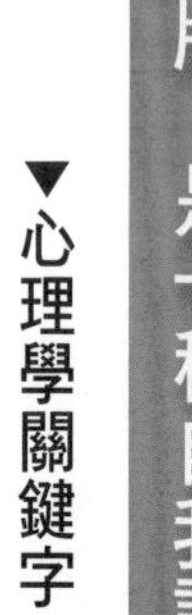

▼心理學關鍵字：自我認同

①
我是一隻有品味的兔子。

②
早上我要用美兔牌化妝品。

③
出門我要用美兔牌包包。

④
晚上我要用美兔牌沐浴露。

⑤
一定要在哈尼面前呈現出最好的狀態。

⑥
這樣我家哈尼才會一輩子愛我！

隨著消費水準的提高，於是某些消費者對商品有了「情感性、符號性」的需求。除了價格，他們更注重商品所帶來精神上的愉悅，並且看重商品的附加值。

如果仔細留意，就會發現這類型的消費者特別重視商品的商標、品牌、流行的程度，以及商品所象徵的意義。他們的消費模式通常走高檔路線，對價格低廉的商品往往不屑一顧，往往僅對名牌商品情有獨鍾，也視身為名牌ＶＩＰ這樣的產品忠實消費者為一種莫大的殊榮。

心理學家指出，人們這種購買名牌的消費行為，其實是渴望自我認同，用名牌來維護他們所期望的自我形象。

譬如一位男士鍾愛「亞曼尼」服飾（Giorgio Armani），就代表他希望自己的氣質風度能呈現出亞曼尼式的隨意優雅、擁有都會時尚的風格；若一位女士是「香奈兒」（Chanel）的愛好者，那麼可以說她希望在人們面前呈現出來的是一種高雅、高貴、簡潔的個人形象；若是一位女性總是愛拎著一只凱莉包（Hermes 的 Kelly Bag）或是炫耀她的各式凱莉包收藏品，透過這個一個個價格不斐、兼具質感與優雅的皮包，就可以透露出她想呈現的華貴氣度、品味與不凡身價；甚至透過凱莉包的材質與顏色，也能顯露出所購價格的高低與購買的困難度，這些都是「透過品牌向他人展示自我」。

名牌消費一方面滿足了人們對自我認可和外部認可的需求；另一方面，也反映了人們存在「易受暗示」的傾向，比如「光環效應」與「廣告效應」等。需要特別指出的是，「名牌」是經過長期的累積，或多或少其背後都有所代表的意涵，代表精緻品質的精品工藝。人們想要擁有名牌物件在某方面來說正是這樣的心理需求。

不過，對於那些過分崇拜名牌的人來說，他們可能已經變成需要依賴一種價值模式，透過來自於他人的認可，支撐他們自尊心與優越感。若是需要透過這種方式來建立自我認同，最好要先審視自己的荷包夠不夠深，不要打腫臉充胖子，做過度消費。

從某種角度上說，要建立對自己的正確評價，才能真正獲得自己內在的認同與心理平衡。

15 房價高漲，為何還要購屋？

▼心理學關鍵字：心理安全感

面對日益攀升的房價和不斷上漲的房租，讓無殼蝸牛總是徘徊在「購屋」與「租屋」之間。儘管存在著各種考量，但部分的人最終還是做了購屋的選擇。為什麼人們這麼喜歡買房子？不惜背負著房貸的壓力，而不喜歡租房呢？

心理學家分析認為，人類在潛意識中，都本能的對安全感滿足有著極為強烈的需求，譬如對於食物、溫暖……等。而房子就像母親的子宮，能為滿足我們這些本能需求，來提供相對安全的場所。從這個意義上來看，對於房子的需求，也正是人類本能的心理安全感被滿足的一種依託。

我們與父母、孩子、伴侶、朋友等的重要關係，也大多在我們所居住的房子裡產生、建立與發展，一個安全的堡壘能滿足我們對於歸屬感的需求。所以居住空間在人類最基本的心理安全感來說是非常重要的。

如果曾經租過房子，你就會有這樣的深刻體會：需要面對無數次的搬家、不敢輕易購置大型家具或物品、面臨合租夥伴隨時更換……，這些狀況的發生總會讓你煩惱無比，無法安心平靜地工作和生活。相較之下，買一棟屬於自己的房子就安穩多了，哪怕坪數不大，也是屬於自己的安穩空間，再也不用擔心房東隨時會攆人、或是調漲房租，這樣生活起來會感到更踏實。

另外，購屋還有不動產增值的考量。但要切記，如果真的有需求，也有購屋預算，也務必要理性購屋。首先，必須對產品資訊有全面性的瞭解，進行多方分析和比較，切勿因為一時衝動而盲目購屋。第二，要根據自己的經濟實力進行選擇，挑選的房子是要在自己經濟能力可承受的範圍之內，不要在日後還房貸時造成過大的壓力。

不論是何種因素促使你購屋，都要注意量力而為，權衡個人實際的經濟條件。在打算買房子之前，不妨先問問自己，真的需要房子嗎？這個投資值得嗎？然後計算一下，你能承擔的償還房貸壓力。

如果你對購屋問題感到無比焦慮，不妨找專業理財顧問或有購屋經驗的人士，審慎地幫你作購屋評估和規劃。

消費心理測驗

測一下你的消費欲望有多高？

請在紙上隨意畫一條蛇，請問你會畫出哪一種蛇呢？

A. 像棒子一樣直的蛇

B. 波浪狀的蛇

C. 蜷縮成圓盤狀的蛇

D. 纏在樹上或其他東西上的蛇

★答案解析：

選擇A——消費欲望淡泊：把蛇畫成像棒子一樣僵直的人，正處於滿足於現狀之中。是對各種欲望平淡的人，不會超出自身的消費能力，去購買多餘的物品。

選擇B——消費欲望平穩：畫出波浪狀蛇的人，代表正準備朝向某處移動。表示需求與供給之間均衡的運轉，正處於消費欲望平穩的正常狀態。

選擇C——消費欲望正熾：畫成蜷縮成盤狀的蛇，表示不被滿足的欲望即將爆發。不過，若只是蜷成盤狀的蛇，雖然表達出某種程度的不滿足，但也僅在靜靜地儲存力量。如果是畫成揚起脖子的蛇，則代表消費欲望十分強烈；若還畫出蛇伸出「嘶嘶——」叫的舌頭，則表示你已摩拳擦掌，準備大肆血拚一番。

選擇D——消費欲望高漲難熄：畫出纏在樹上或其他東西上的蛇，這絕對是不滿足程度已達到最高的情況。你不僅想大肆血拚，還到快刷爆信用卡的程度。

16 為什麼我總是買得比較貴？

▼心理學關鍵字：「心理價位」

①
哦？
②
這件不錯。

③
最低180元。
老闆，那件150元賣嗎？

④
這麼漂亮的衣服，
180元也不算貴啊。
⑤
繼續掃貨，嘿嘿！
⑥
啊！這件只要80元，為什麼這個比我買的還便宜！
80一件

有時我們會發現，明明是同樣的商品，別人買到總是更便宜一些，這是為什麼呢？簡單來說這就是心理價位的差別。

當消費者在購物時，心中對所買商品價格都會有一個大致的估計，這個心中估計價格的高低，會直接影響成交的價格，這就是「心理價位」。因此，有必要瞭解這種心中對價格進行估計的依據來源：

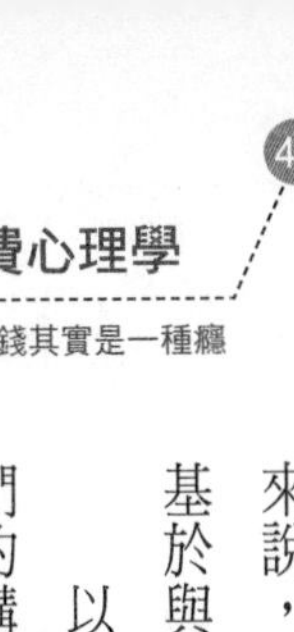

來源1. 習慣心理：當人們重複某些商品的購買經驗，造成對價格的反覆感知，形成了對某些商品價格的習慣心理。人們通常無法直接瞭解商品的生產技術，因而很難對商品價格做出最準確的判斷，只能以多次購買形成的價格習慣，當作是判斷購買商品的合理價格標準。

來源2. 敏感心理：這是指人們對商品價格變動的反應程度。這種敏感性既具有一定的客觀標準，又因在長期購買下，人們形成了一種心理價格尺度，而具有一定的主觀性。一般來說，人們對與日常生活密切相關的商品價格較為敏感，如食品、蔬果、肉類等；而對大型的生活用品，如冰箱、鋼琴、音響、電視機等，敏感性相對較低。

來源3. 傾向心理：這是指人們在購買過程中，對商品的價格選擇所表現出的不同傾向。商品價格通常有高、中、低檔的區別。由於消費者在社會地位、經濟收入、個性特點、價值觀念等方面各有不同，因此不同類型的消費者在購買商品時，也會表現出不同的價值傾向。

來源4. 感受性心理：這是指人們透過某種比較，而對商品價格所形成的一種感知。一般來說，人們對價格高低的認知，並不完全基於某種商品價格是否超出自己心中的價格範圍，而是基於與同類產品價格的比較。

以上這些心理依據，直接影響了我們縱使對於同一件商品，也會產生不同的心理價位。而人們的購買行為，很多時候並不是依據它的真正價值，而往往取決於購買者的心理價位。譬如你去買件東西，看著很合心意，心裡估算一五〇元的話應該可以接受。倘若賣家開價一二〇元的話，自然是歡喜買下來，自己並不會再去殺價。而另一個人則認為它只值八十元，最後的成交價可能就是一百元左右了，這就是為什麼有時別人買到的東西會更便宜一些的原因。因此，要想買到更便宜的商品，在購買時千萬不要輕易透露你的心理價位，讓店家知道。

17 為什麼捷運車廂廣告的接受度高？

▼心理學關鍵字：視覺與心理的強制性

在捷運車廂裡常常出現的平面廣告或一些大樓電梯口出現的平面電視廣告，這類的廣告型式已經愈來愈走入社會大眾每日的生活之中。

人們對於這類媒介形式的廣告並沒有明顯的排斥心理，廣告也不是因為不斷地疲勞轟炸才吸引大眾的視線，絕大多數的人是因為興趣與地緣便利性，才關注這類廣告的。

根據一項調查顯示，這類型的廣告受大眾青睞的原因，其中以「讓人輕鬆，容易打發時間」的因素最高，約占六十五%；周圍環境不被其他人打擾的占四十一%，「能讓我不受干擾地看廣告」和「我更樂意、願意看廣告」的比例占三十八%。由此可以看出，人們不是被動的，而是主動的去閱讀捷運車廂和電梯平面廣告。

人們之所以很少排斥捷運車廂和電梯平面廣告，和電梯平面媒介的傳播模式有著密切的關聯。因為在捷運與電梯內封閉的空間裡，平面廣告是唯一的資訊視窗，在這些搭乘與等待的時間內，人們不可能去閱讀太繁冗的文字，因此人們會不由自主的選擇閱讀平面媒介廣告，將廣告資訊的傳播從「推」轉換為「拉」。某種意義上說，這也是一種強迫閱讀。

從心理學角度分析，人們應該都有深刻的體會，等搭捷運或是坐電梯實在是一件無聊的事情。人們的視線沒有地方放，常常處在一種既尷尬、又無聊的狀態。所以車廂廣告或是電梯廣告反倒會形成一種視覺的強制性，進而形成心理的強制性。因此，當人處於一個比廣告更無聊的世界之中，廣告就會輕易地被接受。

當大家都無聊的時候，還有廣告可看，自然可以解悶、打發時間，而業者也達到了對客戶宣傳產品的目的。

此外，捷運和電梯內外界資訊對大眾的干擾程度很低，環境安靜，所傳遞的資訊能夠很快在大家腦海中留下深刻的印象，這也是人們迅速接受這類廣告形式的原因之一，這類廣告也替業者創造了明顯的收益。

18 為何總是買下第一眼看見的商品？

▼心理學關鍵字：「首因效應」

①
女人逛街真麻煩。

②
到底好了沒……

③
哈尼，這件怎麼樣？

④
這個呢？
也好看。

⑤
這個也不錯。

⑥
還是買第一件吧！

許多女人花在買衣服的時間常常是令人難以想像的。為了一件衣服她們幾乎會跑遍所有商家，甚至來回比較個好幾趟，而樂此不疲。

但她們通常最後買到的，往往還是第一眼看中的。究竟是為什麼呢？這就涉及到一個心理學名詞「首因效應」。

「首因效應」，也叫首次效應、優先效應或「第一印象效應」。是指最初接觸到的資訊所形成的印象，這種印象作用很深刻，對我們以後的行為活動和評價上，有不容輕忽的影響，持續的時間也長。比起以後得到的資訊，對於事物整體印象產生的作用都還要來持久、強大。實際上指的就是「第一印象」的影響。

心理學家研究顯示，外界資訊輸入大腦時的順序，在決定認知效果的作用上是不容忽視的。「最先輸入」的資訊往往作用最大，其次「最後輸入」的資訊也會有較大的影響。大腦處理資訊的這種特點是形成首因效應的內在原因。

首因效應本質上就是一種「優先效應」，當不同的資訊結合在一起的時候，人們總是傾向於重視最前面的資訊。即使人們同樣重視後面的資訊，也會認為後面的資訊是非本質的、偶然的，人們仍然習慣於按照前面的資訊來解釋後面的資訊。

若是後面的資訊與前面的資訊不一致，也會屈從於前面的資訊，以形成整體一致的印象。例如，我們之所以對於初戀總是難以忘懷，就是因為首因效應的作用。對戀人的第一印象不僅當時具有強烈的衝擊力，還會歷久不衰地左右你以後的愛情觀。

購買商品也是一樣，我們常常在首因效應的影響下，買下第一眼看中的商品，在匆忙草率之中購買的商品雖然有種種不足，但商品是可以退換的，雖不至像錯誤的愛情那樣悲哀，但要換貨和維修卻總是令人尷尬、又麻煩。

衝動買下低價的物品，下次避免再犯同樣的錯誤就是了；但若是上萬元的商品，如電腦、冷氣、甚至房子之類的……，若是要維修就頗不方便，要退貨就更難了。因此，瞭解首因效應，就能將這種心理因素所造成的錯誤判斷降至最低。

chapter 2

博弈消費心理學

▸不落入陷阱，當個消費贏家

19 為何店家總愛喊出「最後一件」？

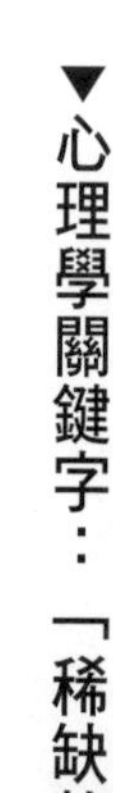

▼心理學關鍵字：「稀缺效應」

④
全場八折
限时抢购

走在街上，我們經常會見到不少店鋪的門口掛出「最後三天，欲購從速」，或是「全面出清，最後一件」等類似的廣告布條，而這往往的確會帶來人潮搶購的效果。

為什麼會出現這樣的情況呢？商家為什麼要採取這種促銷方式呢？

心理學認為，最後期限的口號，往往會使人們因為擁有的機會稀缺，而產生強烈想要擁有的欲望，於是會不假思索地想要佔有，這就是利用「稀缺效應」來引起顧客的購買欲望。

人類有一種通病，就是機會愈少、愈難得，我們就會愈珍惜，進而採取某種行動，也就是所謂的「物以稀為貴」。

這種稀缺效應的心理因素是：「就是它了，我絕對不會再錯過了！」它幾乎能夠左右人們的行為，甚至改變人們原先猶豫不決、游移不定的態度。

業者打出「最後」通告，其實也是消費者的一種自我心理暗示在發生作用。例如，一家電影院為即將上映的影片作宣傳：「獨家放映，預定票數有限，放映僅限三天！」這樣的宣傳無疑會引起人們的關注，短短的一句話中，就從三個方面暗示消費者：「機會很少，欲看從速！」「獨家放映」暗示消費者別的影院沒有播映，可供選擇的餘地小；「預定票量有限」暗示獲得觀賞門票的機會稀缺，很可能會買不到票；「放映僅限三天」暗示消費時間有限，一旦錯過就不再有機會。

當時間或數量被限制的時候，那種「機不可失，時不再來」的氛圍會給人帶來一種強烈的緊迫感，讓人們不再多做猶豫，甚至放棄平日過多的考慮，而立刻採取果斷的行動，抓住稍縱即逝的機會，以免錯失良機。

在現實生活中，店家也常會使用「最後期限」的策略，當銷售員告訴顧客某種商品供應需要的時間比較長、或是顧客詢問度很高，不能保證一定有貨的時候，就會促使客戶產生更強烈的想要擁有的欲望，於是立即採取行動，提高衝動消費的機會。

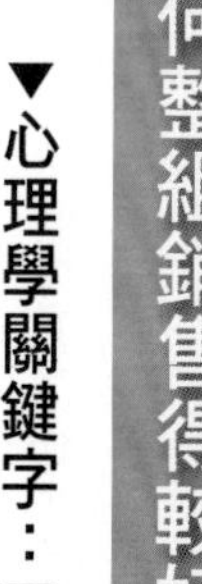

20 禮品為何整組銷售得較好？

▼心理學關鍵字：厭倦心理

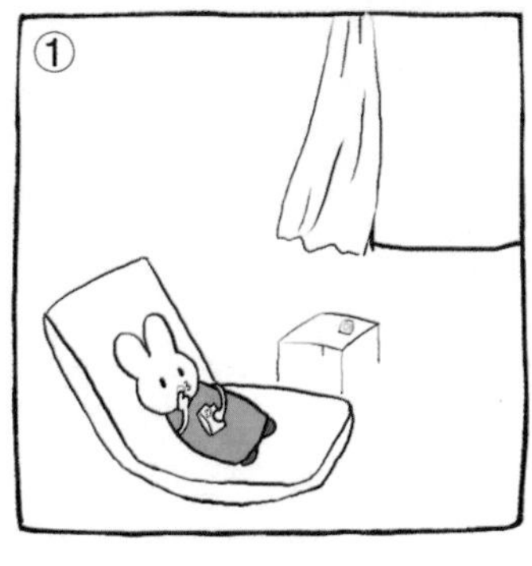

如果留意一下，我們就會發現，整組的套裝商品在整個消費市場中佔有很大的比例，人們也常常習慣採購整組的套裝商品來當作餽贈他人的禮物。

例如慰問病人時，我們常送的禮物之一就是滿滿的水果籃。但當我們為自己家裡買水果時，卻很少有人會去買整籃的水果，而是只會挑選自己最喜歡的水果。

那為什麼會出現這樣的情況呢？整組的套裝禮物其賣點又在哪裡呢？相較於為自己所購買物品，人們在為他人購買禮物時，更傾向於多樣性。心理學家曾做過這樣一項實驗：研究人員讓人們預測，自己連續五天吃某一鍾愛的特定零食時，滿足度會如何。同樣的，當別人在這種情況下，滿足度又將如何？

結果顯示，根據實驗參與者的預測，即使彼此吃的都是自己最喜愛的食物，但在連續吃很多次的情況下，他人一定會比自己先感到「厭倦」。也就是說如果反覆贈送同樣的東西給別人，別人會比自己更快出現「厭倦心理」。

心理學家認為，人們要對他人的「未來反應」做出預測時，十分不容易。人們在預測自己的未來時，會排除很多因素，但若要預測或想像別人在未來將要經歷怎樣的事情、或是產生怎樣的情緒，這一點則是非常困難。因此若是人們要對他人的未來反應做出評估，其困難程度往往會很大。因此，不去臆測的最好方法就是，「不用挑選，整組購回」。

譬如人們在買新年禮物時，總是希望有別於中秋的禮品。因為儘管春節與中秋之間，已然相隔五個月之久，但在我們腦海之中，它就像是連續發生的一樣。所以我們會認定「上次中秋已經送了燕窩禮盒，如果這次還送，人家一定會感到膩」。因此，買禮物時受到多樣性挑選的便利機率也就大大提高了。而會出現多數禮品都以「整組套裝」為賣點的原因就在於此。

其實，無論我們選擇什麼樣的禮品，其中包含的心意最重要。送禮時最關鍵的一點，就是送出去的禮物要使人感到開心，而不是讓人覺得窘迫。送禮的價值並非在於價格的高低，而是慎重的心意。譬如在新鄰居入住時送上一瓶葡萄酒；送給親友的小孩一雙自己編織的手套等，都是「禮輕情意重」的最佳寫照。

21 用「沙子」換「金子」的銷售智慧

▼心理學關鍵字：「互惠效應」

②
衝啊，趕緊去搶。

③
這麼多人！

④
還好在下班之前排到。

⑤
回家給哈尼看。

⑥
怎麼又買了？家裡還有好幾盒沒吃呢！

如果有人問：要把你手上的「沙子」，拿「金子」來和你交換，你會換嗎？相信多數人面對這樣的問題，答案絕對都是肯定的。

這種不公平、不等價的交換，其實會造成一種人際間的相互滿足，心理學上稱之為「互惠效應」或「互惠原則」。

「互惠效應」能夠引發不等價交換，是因為人們會於對他人的某種行為，要以一種類似的行為去回報對方。

由於回報的種類與方式不一，所以「回報」也會因為這樣的靈活性而產生最大利益。在通常的情況下，誰先施人以恩惠，誰就愈能夠從這種交換過程中先受益，這些人往往能夠透過「沙子」般的恩惠，有效地影響他人為自己服務，最終獲得他人「金子」般的回報，進而實現自己的目的。

我們在日常生活中經常看到送贈品的銷售方式，正是運用了這種「沙子」換「金子」的智慧。也就是人們明明知道贈送禮品只是業者促銷商品的一種手段，但還是會購買透過這種方式所販售的產品。譬如說，買手機送保護貼、買電腦送螢幕保護鏡、買休旅車送汽車失竊保險……，這其中的道理都和互惠原則有很大的關係。

之所以這樣說，是因為當商家向顧客推出這樣的產品後，顧客的內心常會因為好奇或者喜歡，甚至是貪小便宜的心理，對活動中的贈品產生濃厚的興趣，在這種心理驅使下會情不自禁地看看產品。

此時，便為業務員創造了機會，在業務員熱情、耐心的說服下，人的內心通常會產生負債感。例如，你覺得自己看了好一會兒的贈品，業務員又向自己介紹了這麼久的商品，就會產生不買好像會很不好意思、或者很難再拒絕對方的心理，於是糊里糊塗地就買下了一個自己原本並不打算買的商品。

從商家的角度來考量，他們正是利用人們心理中的這種互惠原則所產生的效應，成功地完成了一次「沙子」換「金子」的不等價交易。

22 酒吧裡花生米為什麼免費？

▼心理學關鍵字：創造消費欲望

去過酒吧的人，可能會發現這樣一種現象，如果你要喝水，酒吧可能不會提供你免費的礦泉水；但是下酒用的花生米，酒吧卻會無限量的免費供應。

他們為什麼這樣做呢？這看似賠本的買賣，又藏著怎樣的銷售祕密呢？

其實要理解這種做法並不難，關鍵在於必須弄明白水和鹹花生米對於酒吧的核心產品——酒精性的飲料需求會造成什麼樣的影響。

眾所周知，花生和酒可說是相輔相成的，消費者如果鹹花生米吃得太多，那麼他所需要喝下的啤酒、白酒或是調酒也就會愈多。花生米與酒精性的飲料比起來相對便宜很多，而每一種酒精飲料又都能帶來相對豐盈的利潤。

由此看來，免費供應花生米不但不會對酒吧造成什麼損失，反而可以為酒吧帶來相對可觀的豐厚利潤。

反過來看，酒吧的核心收益是各種酒精飲料的銷售額。而白開水、礦泉水則會影響到酒精飲料的銷售。水和酒是相違逆的，如果顧客喝下太多的水，點的酒就自然就會減少，這也就意味著酒吧的收益會因此而受影響。因此酒吧才會不隨便提供免費的礦泉水，甚至會提高水的價格，以打消顧客喝下過多水的可能性，因而多點一些酒。

點得酒愈多，酒吧的收益就愈好，這個策略輕輕鬆鬆創造出消費者的消費欲望。因此，酒吧才會寧願免費送上門的顧客享用花生米，也不提供免費的礦泉水！

另外一種相反的銷售方式，就是降低消費欲望。譬如說吃到飽的店家常會免費提供各式各樣的氣泡飲料。原因就在於當顧客不斷喝下滿肚子的汽水之後，就會吃不下過多的食物，店家也就輕輕鬆鬆地省下不少食材的錢了。利用提供免費的便宜飲料，來減少高檔食材的消耗，這也正是利用降低消費欲望，來減少店家的支出成本。

「天下沒有白吃的午餐」，酒吧的精明之處在於引起消費欲望的前提下，摒棄了對自己不利的因素。抬高水價，提供免費花生米，讓人們對水敬而遠之的同時，增加了對酒的需求量。不論怎樣，這些做法都是為了實現同一個目的，那就是使酒吧的收益大幅增加！

23 拿了「試用品」，就等於買下它？

▼心理學關鍵字：「稟賦效應」

你好，我是
推銷員。
①

你好，我帶來了
本公司的最新按摩椅。
②

有了它您就能遠離腰酸背痛
了，7天不滿意可以包退喔！
电动
按摩
③

不錯，反正不想要
可以退掉。
④

有什麼不滿意
可以退貨。
⑤

真舒服，還是別退了。
⑥

我們常常會遇到這樣一些商家，他們會大方提供產品給人試用，免費讓消費者將商品帶回家體驗。

比如顧客可以先免費試用該產品七到十五天，當試用期滿後，如果顧客不滿意的話，可以選擇退回該產品。

你或許認為商家會收到很多退回的商品。但結果卻是，反而更多的人購買了這項產品。

這是一種常見的行銷技巧，行為經濟學家稱之為「稟賦效應」，又叫「所有權依賴症」。也就是說，當你把一件商品帶回家之後，它已經像是家中財產的一部分了，因此使得人們不願意歸還，反而願意購買該項產品。

心理學家曾做過一項實驗來驗證此一效應：第一組研究人員準備了幾十個印有校名和校徽的杯子，這種杯子在學校超市的零售價是二十元，在拿到教室之前，已經先將價格標籤撕掉。研究人員問學生願意花多少錢買這個杯子，給出了十元到一百元之間的選擇範圍。

第二組研究人員同樣地來到第二間教室，但這次他一進教室就將這樣的杯子送給在座的每一個人。過了一會兒，研究人員說由於學校今天進行義賣活動，杯子數量不夠，需要收回一些，讓大家每個人都寫出自己願意以什麼價格參與義賣，收購這個杯子，同樣也給出十元到一百元之間的選擇範圍。

實驗結果顯示，在第一組實驗中，學生平均願意用三十元的價格去買一個帶校徽的杯子；而到了第二組，當需要學生將已經擁有的杯子重新花錢收購，他們的出價陡然增加到五十元。

因此我們可以得出這樣一個結論：相對於獲得，人們非常不樂意放棄已經屬於他們的東西。這種現象也就是「稟賦效應」。

現實生活中這樣的例子還有很多。例如，父母帶孩子們去逛街，經過寵物店，孩子們圍著可愛的小狗不忍離去。於是老闆慷慨地說：「把牠帶回家去過週末吧。如果你們不喜歡牠了，星期一早上再把牠送回來就行。」誰能抵擋這樣的誘惑？於是孩子歡天喜地的把小狗帶回家了。經過兩天的接觸，在不知不覺中認為這隻狗已屬於他們了。離別的痛苦，戰勝了想要還給寵物店老闆的念頭，於是星期一早上父母就乖乖的去付清了買狗的錢。

24 為什麼喜歡購買整組的商品？

▼心理學關鍵字：完整性概念

①
咦，這個怎麼
破損了？

②
次品5折
哇，5折
很便宜啊！

③
這樣很划算啊！

④
趕緊回家準備晚餐。

⑤
哈尼，我買的這個
雖然有點疵，但很便
宜耶！

⑥
你仔細算算，這個反而
更加貴哪！

超市正在清倉大拍賣，你看到一套餐具，有八個大盤子、八個湯碗和八個點心碟，共二十四件，每件都是完好無損，你願意支付多少錢買這套餐具呢？

如果你看到另外一套餐具共有四十件，其中二十四件和前面那套完全相同，也是完好無損，但這套餐具之中還多了八個杯子和八個杯墊，其中二個杯子和七個杯墊都已經破損了，你又願意花多少錢買下這套餐具呢？

這是心理學家曾經做過的一項實驗：針對以上問題，在都只知道其中一套餐具存在的情況下，對人們進行問卷調查。結果是，人們願意花二八〇元買下第一套餐具，卻只願意花二百元買下第二套餐具。

如果按數量來算的話，第二套餐具雖然有些破損，但實際上比第一套餐具多出了六個完好的杯子，和一個完好的杯墊，其價值照理說應該是高於第一套餐具的，但事實上人們願意為其支付的價格反而低了很多。為什麼會出現這樣的現象呢？

這就是商品的「完整性」概念在發生作用，人們在對整套商品的價值進行評估時，考慮的不僅僅是商品數量的多少，而在於其整體性是否完好無缺。沒有損壞的，他們就願意多支付一些錢，而有損壞的其價值自然就降低許多。因為在此時，二十四件和三十一件，哪個算多？哪個算少？假如不放在一起互相比較，其實是難以評判的；但若是整套餐具到底是完好無缺？還是已經破損？卻是不用比較也能輕易判定的。

因此，是否具有完整性就成為購物時的重要判斷標準，一套餐具其數量即使再多，如果有破損，也只能算是次級品，人們要求折價也就理所應當了。

不過，有時候商家就是利用人們這種認為次級品必定廉價的心理，來達到銷售的目的。比如一套原本華麗的家具，但其中一個五斗櫃上蹭掉了些漆、也掉了個原裝把手，只能當作次級品出清了。結果不願認賠的店家腦筋動得快，先把價格抬高一倍，再打個大大的叉，下面寫上五折出售，但實際上還是原來的價格，不但符合了消費者重視消費物品完整性概念的心理，也滿足了消費者愛買便宜的高價品心理，果然這套家具一下子就銷售出去了。由此可見，人們重視消費物品完整性概念的作用的確是不容忽視的。

25 為何商品有不同的折扣策略？

▼心理學關鍵字：折扣策略

CINAMA
親愛的，我們去看電影吧！

有打折的票哦！
特價
Ticket

特價的票很划得來呢！
特價

嗯，我們先去買爆米花吧！

一起進去吧。

啊……

根據經濟學中「供需關係」的原理，一般來說，愈是暢銷的商品，愈能代表買家看好產品的品質和服務，其售價也應該是較高的。

譬如去電影院看電影，那些熱門電影的票價都較高，而普通電影的票價則比較便宜一些。另一種不同的情況，卻是愈暢銷，反而折扣愈高。例如一些流行CD和暢銷書籍，往往都會提供很優惠的折扣，給消費者的價格便宜很多；反倒是一些不太流行的藝術性CD和長銷書籍，會給折扣的機會不高，就算給折扣也不會太大，反映在價格上反而比暢銷書籍和CD要貴得多。

那麼為何同質性的商品，定價策略會完全相反呢？其實要採用哪種折扣策略，業者要看的是其最終是否會影響收益，當提高價格並不會減少顧客的消費行為時，他們就沒有必要採取打折的行動。

對於熱門的電影來說，其電影院的座位是固定的，一旦電影院的座位坐滿了，就不能再容納更多的觀眾了。這樣的話，電影院正好抓住人們為了先睹為快而願意多付錢的心理，而把熱門電影的票價提高很多，但即使是這樣，人們還是會爭先恐後地湧入電影院，讓電影院獲得了很大的收益。因此，他們完全有理由不給滿座的電影打折。

而對於那些普通的電影，觀眾到電影院觀賞的熱情遠遠比不上去看熱門電影。電影院的座位本來就坐不滿，如果電影院還把票價定得很高，那就更沒有人前來觀看了。因此，為了吸引觀眾，就得採取各項優惠措施，譬如與信用卡公司合作出售折扣票、贈送電影海報……等，以增加電影院的人氣。

至於書籍或CD一旦暢銷，流通速度是很快的，這樣佔用貨架及倉庫的時間會縮短，這就表示暢銷書籍和CD在貨架上保存的成本是相對較低的。相反的，不那麼暢銷的書籍和CD可能很長時間賣不出去，佔據貨架和庫房空間的存放成本就相對提高很多，因此能給予折扣的幅度也就會變小。

此外，有些不太暢銷的專業書籍和CD只有個別的商店有，想立即購買，只能按標價付錢。還有，對於這類不太流行，但屬於長銷的書籍和CD，則需要有專業的銷售員進行推薦和介紹，這部分的人力成本，自然也是要由顧客來承擔，於是就出現與熱門電影票價相反的狀況。

26 為何提高售價，反而賣得好？

▼心理學關鍵字：「凡勃倫效應」

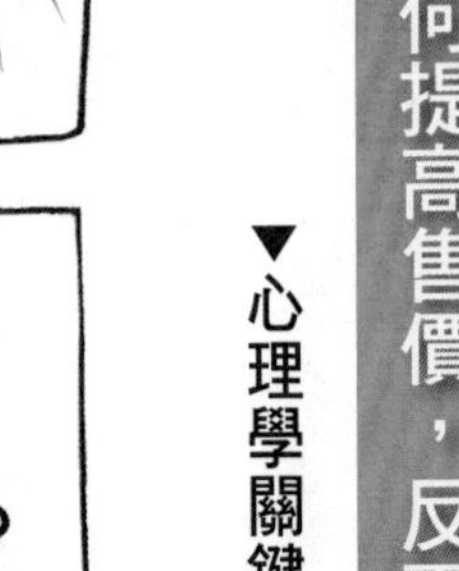

①
地攤貨，肯定沒好東西。

②
哇！好高級啊！

③
這個給我包起來。

④
親愛的，這送給你。
雖然是地攤上買的，
但是品質很好呢！

⑤
怎麼跟我買的
一摸一樣呢？

⑥
啊……我上當受騙了！

一位禪師為了開示他的徒弟，給他一顆很普通的石頭，讓他拿到市場去賣，並囑咐：「不要賣掉它，只要先試著賣，然後只要告訴我在市場它能賣到多少價錢就可以了。」於是，徒弟去了市場。

許多人看著這顆石頭想：它可當成很好的小擺飾，放在屋內當成裝飾品。於是他們出了價，但只不過五十元的價錢。沒多久，徒弟拿著石頭回來，對禪師說：「它最多只能賣到五十元」。

師父說：「現在你去黃金市場，問問那兒的人能出什麼價錢，但同樣不要賣掉它。」從黃金市場回來，徒弟很高興地說：「太棒了！他們願意出一千元。」

師父說：「你現在再去珠寶市場那兒，若是價錢低於五十萬，還是不要賣掉。」徒弟到了珠寶市場，沒想到珠寶商們竟然願意出價五萬元。徒弟記住師父的話，還是不肯賣，商人繼續抬高價格，一直出到十萬元。徒弟還是不願賣；於是商人又把價抬到了二十萬……四十萬！徒弟還是不賣。但徒弟心裡想的是：「這些人瘋了！」最後，商人竟然真的出到五十萬元要買那顆石頭。

這就是所謂的「凡勃倫效應」（Veblen effect），源於美國經濟學家凡勃倫提出的消費觀點：商品價格定得愈高，消費者的消費意願反而愈強，愈能得到消費者的青睞，它反映出了人們進行揮霍性消費的潛在心理。

在現實生活中應許也會見到類似的情景：一件款式、質料差不多的衣服，在普通的服飾店只賣五百元，但一旦進入百貨公司的專櫃，就算是賣到上千元還是有人會購買。「天價」女用皮包、「天價」跑車……往往也能在市場上找到死忠的顧客。

心理學家認為，人們有時想要擁有高價物品，真正動機在於獲得尊榮，實現歧視性對比。價格高的商品意味著權勢、地位、尊榮和成功，而購買高價的商品正是一種炫耀性的消費，能讓人產生優越感。也因此商家在做廣告時，會用「貴得有理」這樣的說法，暗示自己昂貴的商品代表著「高品質」的生活。

不僅有錢人如此，目前，炫耀性消費方式也受到並不富裕的人群青睞，甚至這一族群對於昂貴的商品更為熱衷，因為他們更急於擺脫「貧困」的標籤，需要藉由昂貴的物質消費來使自己獲得他人的尊重。

27 微小的讓步，讓買賣順利成交

▼心理學關鍵字：「微小讓步策略」

①
天氣真好，出去逛逛。

②
買花瓶，100元一個。

③
這個看來便宜點，
50元賣嗎？

④
那就70元吧？

⑤
好吧，好吧，賣給你。

⑥

店家與顧客之間的討價還價似乎是永遠存在的。

從市場的幾元菜錢，到買車、購屋等上萬元、甚至是上千萬元的大額交易，總會讓買賣雙方為成交價格糾纏不休。

那麼商家該做怎樣的讓步，才能更容易達到銷售目的呢？讓步的尺度又該如何拿捏呢？

曾經有這樣一個典型的案例，足以說

明「微小讓步策略」的力量：蘇聯人看上了美國長島北岸的一塊地皮，專家對這塊地皮當時的估價是四十萬美元，賣主開價為四十二萬美元，但蘇聯人的報價只有十二・五萬美元，還提出要在機密狀態下進行談判。

在談判桌上，賣主明明知道蘇聯人的出價低得離譜，可是由於是在祕密狀態下進行，所以並無其他的競標對手。經過三個月艱巨而漫長的談判過程，蘇聯人「不情願」地表示：「我們知道這個報價是荒唐的，也許我們可以增加一點。」於是，賣主把價格從四十二萬美元降為三十六萬美元。可是蘇聯人並不滿意，因此未做出絲毫相應的讓步。

隨著截案日期的一天天逼近，蘇聯人的出價開始逐步上升。在截止期滿的前十天，蘇聯人的把價格提高為十四・五萬美元；在截止期滿前五天，又加到了十六・四萬美元；最後，蘇聯人把價格調升為二十一・六萬美元，並表示願意用現金方式進行交易。這是一個誘人的條件，雙方終於達成了這筆交易。

多次微小的讓步，讓蘇聯人最終以低價達成了交易。要想運用微小讓步策略贏得談判，就要在談判初期表現強硬，再以微小讓步「步步為營」，無論這項讓步對你來說有多微小，只要對方需要，你就可以利用它達成你的理想目標。

也就是說，「微小讓步策略」是指在交易之時，買賣雙方就某一個利益問題爭執不下時，為了促成談判成功，一方採用漸漸放棄部分利益作為代價的談判策略。

但在進行讓步策略時，記得要拿捏好分寸。因為心理學家認為，人們不會珍惜太輕易得來的東西，如果一下子做出大幅度的讓步，對方反而不會被你的「善意」所感動。多次的微小讓步，反倒能迫使對方以較大的讓步來回報你，讓步的次數絕對比讓步的尺度更能帶給對方心理壓力。

28 為什麼氣球不送給老人？

▼心理學關鍵字：理性消費

①
我家親愛的有時候很像小孩。

②
每次出門都要牽著她。

③
每次有免費試吃的，她肯定會去。

④
然後就說什麼也不走了，一定要買回家。

⑤
我通通都要試吃。

⑥
哈尼，好好吃哦！我們買兩盒吧！

連鎖玩具專賣店門口，一位店員拿著一大把彩色氣球向小朋友發送。

這時，一位老人伸手向店員索要氣球，但令人驚訝的是，店員竟然沒有立刻送給老人。

後來老人說他家裡也有小孩，店員考慮再三，最後勉強將氣球給了老人。

其實，老人只是索要一個再便宜不過的氣球，給他一個其實並沒有什麼關係，至少店員不用擔心自己被投訴。但是，為什麼店員並不樂意主動把氣球送給老人呢？

其實，如果你瞭解了店家贈送氣球的真正目的，也就不難理解店員的做法了。當連鎖玩具專賣店決定贈送氣球時，其直接目的就是吸引更多的顧客，進到店內消費。

如果孩子進入玩具店，正巧遇上贈送氣球，那麼這次幸運獲贈的記憶，將讓他們對這家玩具店的好感大增，對於他們以後要求家長或是親友長輩帶他們來這家店購物，是很實在的激勵因素。如此一來，玩具店免費贈送的氣球，就達到了拉攏小小客人的行銷策略。因此，他們採取免費並主動贈送孩子氣球的行銷策略，實在是非常值得的。

但是，老人家的生活經驗豐富，比較精於計算，購物時也比較理性。倘若他要來這家連鎖玩具專賣店給孫子買玩具，就算是沒有贈送氣球他也會來。

相反的，如果他並不準備進入這家玩具店消費，那麼就算是老人家被「幸運地贈送氣球」，也並不能夠改變他的想法，並不會增加他的消費額度。也就是說，向老人贈送氣球，對於增加玩具店的業績，並不會發生太大的效用。

但是，孩子的判斷能力就沒有這麼強了。假如老人從店員那裡討得一個氣球帶回去，轉送給孫子，孫子多半會把這個氣球看做是家人送的禮物。因此，從家人手中接過氣球和從店員手中接過氣球，所達到的效果是完全不一樣的。

任何消費行為的存在都有著其特定的經濟學原理。氣球之所以不送給老人，是因為老人不會因為贈送的氣球而改變對消費的看法，因此，聰明的店家不會送氣球給那些理性消費的人。

29 兒童消費有邏輯可循嗎？

▼心理學關鍵字：兒童的非理性消費

①
媽媽，我要買這個。

②
這個天天
在做廣告！

③
看看營養成分，
糖分太高了！

④
媽媽帶你去公園玩好嗎？
我們就不要買這個了。

⑥
小孩還是可以談條件的，
哈哈！

兒童對外界事物的認識主要是靠直接且表象的方式，較缺乏邏輯思維。

因而在選擇購買商品時，往往只會依從表面的特徵來做選擇，而不太注意或根本不注意挑選商品的品質和價格。

比如兒童喜歡喝色彩繽紛、口味香甜的汽水，而不會關心汽水是否由大廠商或是路邊攤自己製作生產的。

這也就是源於孩童的非理性消費行為，現在就來探討，兒童的普遍消費心理究竟為何？

特點1. 可塑性心理：兒童正處於認識事物和學習的初級階段，易於接受新的事物，但卻尚未形成系統分析的判別能力。因而購買商品時，不會像成年人那樣形成固定的觀點。當受到外界一定的影響時，可能就會改變初衷。如看到卡通片中的人物愛喝可樂，孩子可能就由原本愛喝的柳橙汁，改為愛喝可樂。

特點2. 依賴性心理：兒童在年齡尚小之時，由於購買能力還沒完全獨立，在購買時往往缺少自己的主見。因此，有時他們表現出很大的依賴性，而且年齡愈小，這種依賴性愈強。譬如兒童在購買學習用品時，會完全以老師在課堂上的建議品項為主；在購買生活用品時，又會不斷詢問父母的意見，做為購買時的依據。等到年齡漸長，這種現象就會完全消失殆盡。

特點3. 好奇性心理：兒童天性具有好奇的心理特點，因而他們購買商品的標準，往往是成年人很難理解的。譬如一些美味的食品可能無法引起兒童的興趣；但是一些製作簡單，內附玩具的食品卻深受兒童的青睞。這說明了這些附贈有趣玩具的食品，恰巧迎合了兒童好奇的購買心理。

特點4. 模糊性心理：由於兒童年幼難免膽怯，加上沒有太多的生活經驗，缺乏選擇能力，並且不熟悉購物活動，但內心仍有強烈的購買欲望。因此，在面對琳琅滿目的商品時，往往會表現出猶豫不決的心理特點，有很大程度上容易受到外界影響，如售貨員的勸誘、贈品促銷手法等。

30 是什麼改變了購買選擇？

▼心理學關鍵字：偏好逆轉

有位消費者問速食店的服務員，菜單上有哪幾種三明治？「有煙燻雞肉和烤牛肉口味」服務員回答。於是消費者點了烤牛肉三明治。服務員又說：「對不起，我忘了還有鮭魚口味的。」結果消費者回答說：「這樣嗎？那我改選煙燻雞肉口味的」。

消費者改變了選項，看似違反了理性選擇論的一個基本公理。因為一般的想法是，倘若備選名單上增加了一個最差的選項，應該不致於影響之前已經選好的選項。就像消費者最先所做的選擇，說明他喜歡吃烤牛肉三明治多過於煙燻雞肉三明治，然而這一偏好，不應該因備選名單新增了一項鮭魚三明治而發生改變。

心理學家進行的實驗證明，這種改變購買選擇的消費偏好逆轉，其實在消費行為中是常發生的現象。譬如某人想購屋，最後在兩間房屋之間猶豫不決，不知道該選擇哪間。一間是復古風格，售價一千一百萬元；另一間是現代風格，售價一千萬元。買家原本比較傾向選擇後者。但此時銷售員又安排他去看另一間復古風格的房屋，這間房子和前一間相比，環境稍微差了些，但售價為一千二百萬元，比前一間還貴了一百萬元。相比較之後，買家就很快就決定買下前一間復古風格的房屋。

如果按照傳統的理性選擇論，銷售員帶客戶看第二間房子的做法，完全是在浪費時間。然而事實證明，這種手法經常奏效。心理學家認為，人們往往都會在兩個難以比較的選項上拿不定主意。因為每一項都有其吸引人的特點，人們害怕選擇一種之後，又後悔沒選擇另外一種。在這種情況下，如果引進新的選項會產生很大的影響，增加重新選擇的可能性，因而形成了偏好逆轉。

也就是說，當買家在比較復古風格的房屋和現代風格的房屋時，難以做出選擇，但是兩間復古風格的房子放在一起比較時，買家就很容易做出判斷了。

因此，銷售員帶買家去看另外一間房子，看似在浪費時間，其實卻對買家的心理造成了一定程度的催化作用。

你的錢到底有多好騙？

有個小孩正想要砍蘋果樹，如果你是蘋果樹裡的精靈，你會怎麼阻止他？

A. 把他變成一顆蘋果掛到樹上
B. 掉下來一大堆蘋果來砸死他
C. 騙他吃下毒蘋果

★答案解析：

選擇A—小心你的錢被騙光：你的個性容易相信別人，遇到心機重或設下陷阱的人，小心你會被騙個精光。因為你內心充滿了愛與同情心，所以當有人向你求救時，不論是多麼莫名其妙的理由，你都會付出愛心與金錢，當心你的錢會全部被騙走。

選擇B—你的錢不太好騙：個性機靈的你，會判斷對方的動機和狀況，最多只會被騙幾百元而已。這類型的人，之前可能有過被騙的經驗，所以在他們的腦海裡，已經閃過各種騙術，想騙他的錢沒那麼簡單。

選擇C—要騙你的錢難如登天：個性謹慎的你，覺得賺錢非常困難，你會看緊自己的錢包，想騙走你的錢實在是天方夜譚。這類型的人賺錢非常辛苦，再加上自己很精明，所以任何詐騙方式，在他眼裡都是萬分可笑的，你心裡總是想「我賺錢這麼辛苦，怎麼可能被你三言兩語給騙走！」

31 廣告為何總愛大打溫情牌？

▼心理學關鍵字：顧客忠誠度

① 怎麼全是廣告。
② 這個廣告挺有意思。

③ 好感人啊！
④ 真是好感人的廣告啊！

⑤ 咦，這不是廣告上看到的嗎？買一包好了。

⑥ 應該也會很好用的。

眾所周知，廣告的最終目的就是達到預定的廣告目標，以增加商品的銷售量。

對於大多數廣告而言，其目標就是促使消費者做出對廣告商品有利的行為，進而購買商品，促使銷售業績增加。

而什麼是對廣告商品有利的行為呢？

讓消費者建立對企業品牌的好感度，提升其品牌價值，建立起對於品牌的「顧

客忠誠度」，這就是一個成功的廣告所需要傳遞的目的。

人類的一切行為都是受意識支配的，若是當一件商品具有感性的因素在其中，就可以打破價格的桎梏，讓情感因素來為商品加分。因此商家在策劃廣告的每一個環節中，都會特別著重於對消費者進行心理分析，以充分利用於廣告之中。

在廣告傳播時，將品牌賦予人的情感與個性，是在宣傳品牌時的一項有力的武器，不論是親情、愛情，或是友情等情感，若能自然地融入廣告之中，不僅僅能讓廣告和產品擁有生命力，更重要的是能讓消費者從中找到了自己過去或現在的影子，激起產品和消費者之間的共鳴與價值認同，由此建立起產品或品牌最重要的價值，就是「顧客忠誠度」。

麥當勞廣告就是一個最成功的例子。麥當勞曾請過一位十分有才華的廣告經紀人雷哈德負責製作廣告。雷哈德本來想從漢堡的品質來企畫，但調查結果顯示，麥當勞漢堡與其他幾家速食店的漢堡在品質與口味上並沒有太顯著的差別。於是，雷哈德決定不以麥當勞漢堡的好味道作為廣告的主要訴求，而以改麥當勞可以帶給消費者一段家庭歡聚的快樂時光為切入點。

其中一則廣告是這樣呈現的：一位在沙土和灰塵中忙碌一整天的建築工人，在夕陽西下時，拖著疲倦的身軀回到家中，他的小女兒等在門前的臺階上，仰起頭來要求爸爸帶她去麥當勞吃漢堡。爸爸怎麼能夠拒絕女兒那天真可愛的小臉呢？他不顧滿身疲憊，帶著全家向金色拱門走去。當他望著孩子們滿足地嘗著漢堡和炸薯條時，他的臉上露出了愉快輕鬆的笑容，整天的辛勞一掃而空……。

這樣的訴求深深地打動人心，就能讓消費者將心動轉換成行動，心甘情願地掏出荷包，購買令人感動的商品。

32 讓銷售順序決定消費金額

▼心理學關鍵字：「適應原理」和「反差原理」

④
還差件襯衫呢！
西裝好貴啊！

假設你是一位男士服裝店的售貨員，當你看見進來一位顧客，並得知這位顧客打算買一套西裝，也可能還要買一件襯衫，那麼你會先帶他看西裝，還是先看襯衫，才能讓他花更多的治裝費呢？

這就牽涉到「適應和反差的原理」，如果你先給顧客看襯衫，再給他看貴得多的西裝，會出現什麼樣的結果呢？

這會讓顧客覺得西裝更加昂貴。因為顧客後來看見的衣服價格，會受到先前所看過衣服價格的影響。所以，若是當顧客先看到西裝，等他再看襯衫之時，就會覺得襯衫相形之下不是那麼貴了。因此，正確的做法應該是，先讓顧客看西裝，然後再帶著顧客去選購襯衫。

此外，還有兩點需要說明：一、是顧客還有一種考量，就是襯衫要配得上西裝的檔次，所以他如果先看中了一件昂貴的西裝，也會願意買一件較高檔次的昂貴襯衫與之匹配。二、價格要有合理限度，如果西裝的價格過高，消費者會覺得不能接受與適應。而若是襯衫的價格過高，這種反差的效果也會不明顯，畢竟消費者對於產品的合理價格範圍還是有一定的接受度。

有一個實驗「冷熱水效應」可以說明此一現象：有兩盆水，一盆冷水是攝氏二十度，另一盆熱水是攝氏四十度。如果把左手放在冷水中，右手放在熱水中，會出現什麼樣的感覺呢？

剛開始時，會覺得左手有些涼，右手有些熱，但過了十分鐘後，你既不覺得左手冷，也不會覺得右手熱，這就是「適應原理」。但此時把雙手拿出來，再同時放進一盆三十攝氏度的水中，你會感覺左手熱、而右手冷，這就是「反差原理」。不要低估此一生理現象，因為它在生活中常有著非常強大的影響力。

這種原理也被廣泛地運用到銷售技巧之中，像是汽車銷售員會先給顧客看昂貴的車；房屋銷售員也會先給客人看最貴的房子。這就是由於我們第一次接觸到的刺激，已為我們建立了一個標準，那麼之後的刺激是高還是低，則是都會依據之前的這個標準來看。

銷售員的本意並不一定要出售這些產品，但經由建立起一個參照物，那麼之後推銷的產品在對比之下就會顯得更加便宜，更具吸引力。

33 買中杯咖啡比較划算嗎？

▼心理學關鍵字：「中杯效應」

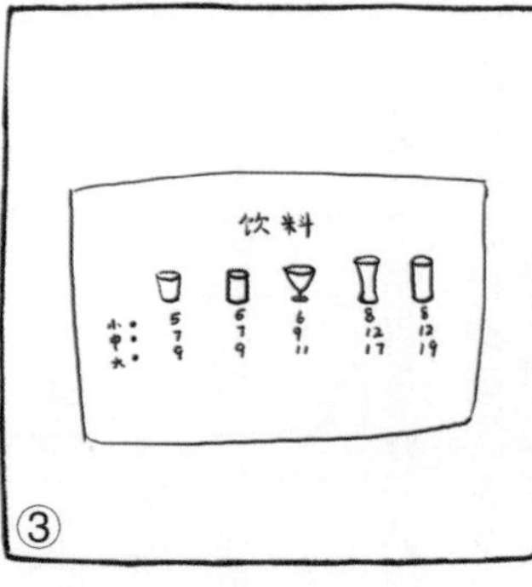

某咖啡店推出一款美式咖啡，有大、中、小杯之分，其價格也隨著份量不同而有差異。

分別是大杯二十元（六二〇毫升），中杯十五元（五百毫升），小杯十元（三五〇毫升）。

如果是你到店裡消費，你會選擇購買大杯、中杯還是小杯的飲料呢？什麼樣的選擇才是最合適、最划算的呢？

根據調查顯示，大部分人會選擇中杯，其實這就涉及到心理學上的「中杯效應」。實際上，精明而理性的選擇應該是「小杯」。以這個例子來說，精算過後小杯的咖啡最划算。然而，在「大杯」和「小杯」兩個參照值的作用下，大部分人會認為選擇「中杯」是最穩當的，是因為人們經常選擇「折衷」而忘記了真實的需求與公平。因此，這種在價格比對的刺激下，選擇中間商品的現象，就被稱為「中杯效應」。

我們再看另一項實驗：心理學家要第一組參與實驗的人，在兩種相機之間做選擇，一種是售價一千七百元的A型，另一種是售價二千三百元的B型。結果，選擇這兩種機型的人各占一半；第二組人則必須在三種機型之間做選擇，除了上面這兩種機型外，再加上一種售價四千六百元的C型。

也許你會覺得，除了選C型的人以外，剩下的人選擇A型和B型應該仍各占一半。但結果出人意料，第二組有很多人改選了價格適中的B型。

如果在一批選項中，出現了一個「中間值」，一般人可能會比較青睞它，覺得較為安全不會出差錯，而不見得會選擇其他極端。在行為經濟學中，這種現象就被稱為「厭惡極端」心理，其實也就是所謂的「中杯效應」。

我們看到，如果A優於B，大家通常會選擇A。但如果B碰巧優於C，而其優點A所是沒有的，那麼許多人就會選擇B。其主要的理由就是與C相比，B的吸引力明顯加強了。

因此，消費者在面對不同產品規格時，應該根據當時的情況進行合理選擇與精算，要盡量用口袋裡的錢買到最物超所值的東西，才是一個真正精明的消費者。

34 出奇制勝，才能抓住商機

▼心理學關鍵字：好奇心理

商場如戰場，在商業戰役中，其實有更多消費者與商家的心理博弈。誰能突破常規、掌握住對方的心理，誰就能夠在這場商戰中贏得最後的勝利。

曾經有一家新開的餐館，裝潢得十分豪華，但因附近同類型的餐廳已經很多了，所以並未引起消費者特別的注意，甚至曾來過的客人，在嘗鮮之後也不再上門

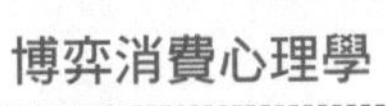

了。沒過多久，營運就陷入困境，面臨倒閉的危機。於是，餐廳經理突發奇想，改變了以往的經營模式，沒想到卻讓餐廳迅速地起死回生，生意變得比以前好上數倍，搖身一變成為一位難求的爆紅店家。

道理說來其實很簡單。經理只是簡單地把餐廳重新改裝了一下，再把餐廳名字改為「主人餐館」，代表這間餐廳最大的特色就是「消費者就是餐廳的主人」。

當顧客進了餐廳可以先選擇專門為自己服務的服務生，也可以隨意選擇包廂，最後還可以自己選擇喜歡的特製餐具，甚至可以選擇喜愛的訂製菜色與廚師，等用餐結束之後，還可以自己選擇某一道菜色是不用付費的。這種新穎奇特、獨一無二的營業方式，果然吸引了許多好奇心十足，喜愛嘗試新鮮事物的客人上門。

從心理學的角度來講，人類有一個很大的特點，那就是「好奇心理」。採取特殊的行銷方式，運用新奇的手法，就能抓住消費者的目光，吸引更多的客人掏錢買單。尤其是這家餐廳獨特的付費選擇，雖然可能提供顧客鑽漏洞的機會，而少付了些錢，但業者卻認為，這也是吸引顧客上門的噱頭之一。

此外，來這裡的大都是好奇心很重的顧客，只想嘗試新奇的消費方式，即使讓他自己選擇付錢，顧客也不見得會少付；而且餐館的一切費用都是公開、透明的，也少有顧客會故意耍無賴不付帳。正由於抓住了顧客的消費心理，因此這家新穎奇特的餐廳一時獲得了巨大的利潤。

在日常生活中，我們總是習慣走別人走過的路，覺得這樣穩當、安全。但是在不斷重複之中，人們往往容易喪失新鮮感，而形成厭倦心理。

唯有學會創新、突破舊有模式，才有可能創造最大的商機。

35 誠實告知缺點，反而更易成交

▼心理學關鍵字：「雙面宣傳定律」

① 好舒服啊！

② 哦，洗髮精用完了。

④ 您別看它的包裝看起來很不顯眼，但是使用效果非常好。顧客反映都很不錯。

⑤ 既然賣的好就一定有它的道理，買一瓶來試試。

⑥ 回家讓哈尼也來試試看。

有一位業務員準備向客戶推銷一塊土地。這塊土地靠近車站，交通十分便利，但因附近工廠眾多，每天噪音不絕於耳。這位業務員剛開始並未向顧客介紹這塊土地有多好，而是很坦率地告訴顧客說：「這塊地的附近有幾家工廠，若拿來蓋住宅，居民可能會嫌吵，因此價格比一般地段便宜。」

無論他把這塊地說得如何不好，他一定會帶顧客到現場參觀。當顧客來到現場，發現那個地方並非如他所說的那樣不理想，不禁說道：「我原以為噪音多大，其實也還好嘛！我一直住在機場附近，每天都聽到飛機不斷地轟鳴，這點噪音對我而言根本沒什麼。」結果，這筆生意很快就成交了。

這位聰明的業務員在推銷過程中，成功地掌握了消費者的心理。其一，是我們每個人都希望得到別人誠實的對待，當業務員坦白說出一些顯而易見的缺點，反而讓消費者感受到他的真誠，贏得了消費者的信任。

其二，這種在解說商品細節的過程中，除了說明商品的優點之外，也將缺點如實相告，就稱為「雙面宣傳」；反之，只強調某種商品或事物的優點而不明確提示其缺點，就稱為「單面宣傳」。當然，「雙面宣傳」的方式並不是對所有顧客都適用，必須根據對方具體的特點，採取不同的宣傳方式，這樣更易取得成效。

「雙面宣傳」較適用於文化程度高、判斷能力較強的消費者。因為文化程度高的人思辨能力較強，有自己的主見，因此更不喜歡被人所蒙蔽，或是受到脅迫，希望在充分掌握正反兩方面資訊的情況下，經過多方權衡考慮後，再做出自己的判斷。對於這類消費者，即使有些與銷售者說服意圖相反的資訊，也不妨說出來，讓消費者自己全面權衡後再做決定，這樣效果會更好。

相反的，對於那些缺乏主見的消費者，「單面宣傳」的方式也許較為恰當。因這類型的消費者大多有較強的從眾心理，所以不妨告訴他們：「大家的意見都是這樣」。他們可能會認為「既然大家都這樣認為，應該是不會錯的」，於是對你所提供的資訊更加深信不疑。

事實上，不論多麼好的商品，總會存在著一些缺陷。片面誇大的宣傳往往會適得其反，若能適時採用優缺點並列的宣傳方式，反而更易收到顯著的效果。

36 「承諾後就會買」是刺激銷售的高招

▼心理學關鍵字：承諾和一致原理

①阿姨，超人玩具在打折，
好想要哦！

②嗯，賣給你當耶誕節禮物。
③玩具店
全場 5折
到了！到了！
④不好意思，
那個賣光了。

⑤沒關係，買別的好了。

心理學上有一個名詞，叫「承諾和一致原理」。意思是一旦我們做出了某種承諾，或是選擇了某種立場，就會在個人和外部環境的壓力下，迫使自己的言行與承諾保持一致，儘管這種行為有悖於自己的意願。

聰明的商家常常利用這一原理，誘使顧客做出某個決定，或選擇某種立場，最終目的就在於選購他們的商品。許多大型企業經常會發起徵文比賽，要求參賽者寫一份簡短的個人聲明，以「我為什麼喜歡○○產品……」作為開頭，接著極力吹捧該公司的某項商品。然後，公司會針對參賽作品進行評選，獲勝者就可以得到豐厚的獎品。

為了贏取獎品，參賽者無不挖空心思地找出產品值得誇耀的優點，並在文章中用溢美之詞盡情讚美。結果，即使他們從未使用過這項產品，也會在不知不覺中相信了自己所寫的東西。一旦今後需要購買這類產品時，他們首先考慮購買的絕對是該公司的產品。這正是因人們潛意識大都不希望被別人認為是言行不一致的人，在這種心理活動下，人們往往會選擇履行諾言，同時也希望以實際行動來證明之前的決定是正確的。

美國耶誕節期間玩具生意的銷售業績最佳，然而在接下來的幾個月裡，玩具的銷量就會一落千丈。這是因為大人們剛剛花完了為孩子買玩具的預算，不再輕易答應孩子們買玩具的請求了。於是，玩具商想出了一個絕妙的促銷方法。他們先在耶誕節前強力播放某種玩具的廣告，很多小孩看到廣告後，希望這件玩具能成為自己的耶誕禮物。通常大人們都會毫不猶豫地答應下來，然而，當他們去商店購買這種玩具時卻被告之已經斷貨。於是，大人們只好購買其他玩具作為補償。

當耶誕節過後，之前那種玩具的廣告卻又重新鋪天蓋地出現了。於是孩子們開始嘟囔：「那是你答應我的耶誕禮物，可是到現在還沒有買。」大人們為了履行自己的諾言，只好再次跑到商店詢問，而這次所有的商店竟都貨源充足。

其實，這正是玩具商們的計策：他們故意播出廣告，卻不提供充足的貨源。等到耶誕節過去後，大人們為了使自己的行動與承諾保持一致，只好為孩子再買一次玩具。讓玩具銷售業績在耶誕節過後還能再創一波高峰。而玩具商所運用的聰明策略，正是「承諾和一致原理」。

37 看上去最多的，不見得最划算

▼心理學關鍵字：「參考效應」

①

②

我們去買冰淇淋吃吧！

③

④ 我要這個，看起來滿滿的。

⑤

好好吃啊！

⑥

從重量上來說，
另外一個比較划算啦！

有兩種不同大小、但口味相同的冰淇淋，一種冰淇淋有七盎司，但卻裝在五盎司的杯子裡，眼看就要滿溢出來了；而另一種冰淇淋八盎司，但裝在十盎司的杯子裡，所以看上去只有八分滿。請問你會想要買哪一種冰淇淋呢？

如果從重量上來說，當然是八盎司的大杯比七盎司的小杯更划算。

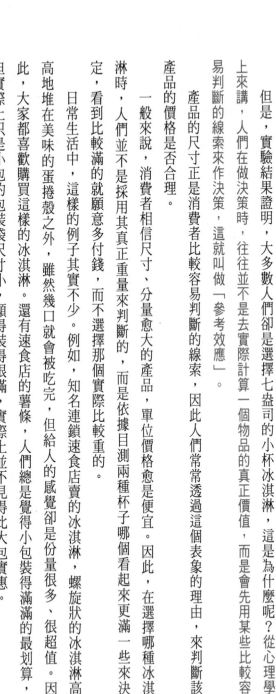

但是，實驗結果證明，大多數人們卻是選擇七盎司的小杯冰淇淋，這是為什麼呢？從心理學上來講，人們在做決策時，往往並不是去實際計算一個物品的真正價值，而是會先用某些比較容易判斷的線索來作決策，這就叫做「參考效應」。

產品的尺寸正是消費者比較容易判斷的線索，因此人們常常透過這個表象的理由，來判斷該產品的價格是否合理。

一般來說，消費者相信尺寸、分量愈大的產品，單位價格愈是便宜。因此，在選擇哪種冰淇淋時，人們並不是採用其真正重量來判斷的，而是依據目測兩種杯子哪個看起來更滿一些來決定，看到比較滿的就願意多付錢，而不選擇那個實際比較重的。

日常生活中，這樣的例子其實不少。例如，知名連鎖速食店賣的冰淇淋，螺旋狀的冰淇淋高高地堆在美味的蛋捲殼之外，雖然幾口就會被吃完，但給人的感覺卻是份量很多、很超值。因此，大家都喜歡購買這樣的冰淇淋。還有速食店的薯條，人們總是覺得小包裝得滿滿的最划算，但實際上只是小包的包裝袋尺寸小，顯得裝得很滿，實際上並不見得比大包實惠。

因此，很多時候我們眼睛看到的並不總是正確，就如同冰淇淋和薯條，其容量並非我們目測就可以確定的，我們所以做出判斷，靠得也只是主觀的感覺。

這實際上也正是「參考效應」的表現。消費者本身對於冰淇淋的絕對分量和其價值並沒有一個完全客觀的標準，但由於杯子的存在，消費者就有了一個可供判斷的參照物，根據冰淇淋杯到底滿、還是不滿來決定是否購買。於是很多商家正好抓住顧客的這一種心理，總是製造一些「看上去很多、很滿」的效果來吸引顧客，消費者在購買前不妨睜大眼睛仔細判斷。

chapter 3

概念消費心理學

▸解開消費迷思，幫你守住荷包

38 你為什麼愛刷信用卡？

▼心理學關鍵字：塑膠貨幣消費

①

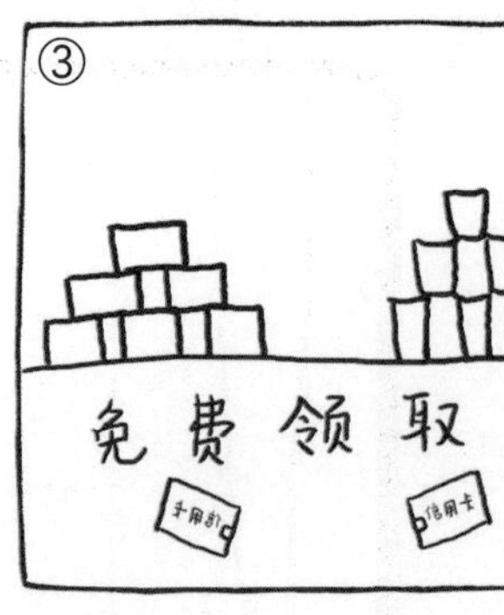
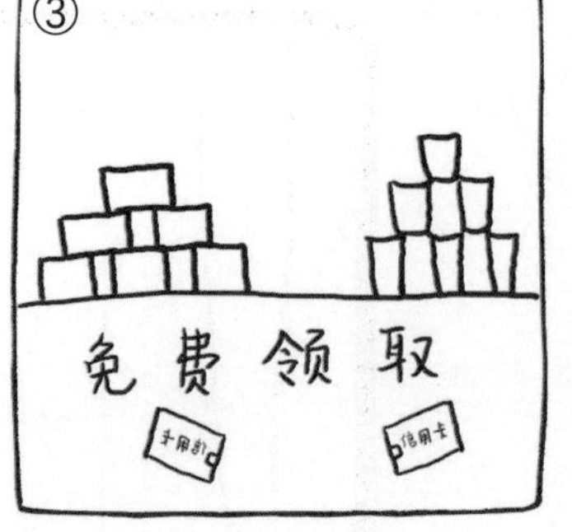

④只要填個資料就能免費拿贈品，太好了。
免費領取
信用卡

⑤
哈哈，信用卡和杯子都是免費的。

⑥
這就更讓你血拚不手軟了！
信用卡

現代人已經習慣在消費時使用信用卡、在存提款時使用金融卡、進行娛樂活動時使用會員卡了，形形色色的塑膠貨幣在現代人的生活中，扮演著愈來愈重要的角色。

而最常為大眾所使用的首推「信用卡」，為何信用卡有如此大的魔力，讓現代人依賴萬分呢？心理學家就將信用卡持卡人大致分為幾種來解析：

1. **時尚型持卡人：**愈來愈多人相信，錢包裡裝滿現鈔已經跟不上時代，刷卡交易才是時尚的象徵。另外，信用卡是採用「預支未來金錢」的消費方式，對現金不足的年輕人也具有異常的誘惑力。

2. **實用型持卡人：**⑴國際購物的需要：出國旅遊時，以信用卡刷卡消費，可以省去兌換過多的外國貨幣，確實十分方便。另外，隨著網路購物的日益普及，如果想在國外網站上購物，國際信用卡也是必備的工具。⑵累積銀行信用：不斷刷卡消費並及時還款，銀行信用始終良好，信用額度就會不斷上升。經過幾年的信用積累下來，當你需要買房買車的時候，銀行就會較樂意向你高額放貸，利率也會有相對的優惠。

3. **收藏型持卡人：**現在銀行推出花樣繁多的信用卡，有卡通的、有限量版的、有紀念版的，有適合商務人士的，還有許多銀行與商家的聯名卡，有收藏嗜好的人總是很難抵擋。此類型的人通常持卡數量都不少。

4. **贈品型持卡人：**這類型的人大多是衝動辦卡，往往都是誘人的贈品在做怪。但這也是信用卡持卡人最多的一種心態。「辦卡就送好禮」、「首刷滿千元即送精美禮品」……，辦卡贈品種類繁多，許多人禁不起業務員大力遊說，因此衝動辦卡的大有人在；加上目前辦信用卡大多免費、也無需擔保，讓人很難找到拒絕的理由。

5. **其他類型：**有些人會將信用卡當作為親人付費的工具。譬如子女為退休的父母申辦信用卡附屬卡，父母外出消費，兒女買單；也有人為即將出國的子女辦理附卡，讓子女在國外讀書消費無後顧之憂，省去頻頻提領現金的不便。

39 刷卡消費才不會心疼？

▼心理學關鍵字：花錢感知

③
對了，昨天才辦了信用卡。
太好了，不怕錢不夠了。

④
十分鐘後……

⑤
半個小時以後……

⑥
怎麼不知不覺買了這麼多呢？
難道我真的花錢如流水？

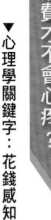

根據調查，使用信用卡消費確實更容易令人產生購物欲望，並常會不自覺地付出高額的代價，買回並不實用的商品。究竟為什麼呢？這個問題一直令許多人十分迷惑。

李小姐講了自己的一個購物經驗：未辦理信用卡前，她都是使用現金消費，當衣服價格超過五百元以上時，她往往覺得過於昂貴，而放棄不

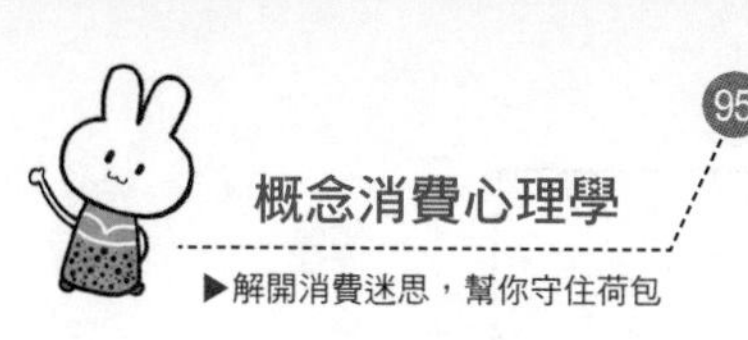

買；但當使用信用卡之後，由於是用簽帳付費，因此不覺得心疼，就算是五百元以上的衣服，也不知不覺地一件件買回，支出大幅上揚。

奇怪的是，都是自己的錢，為何使用信用卡消費和現金消費的心理感覺不一樣呢？這是由於不同的金錢型態，會形成不同的付款方式，也就造成了不同的「花錢感知」，進而改變支出的規模。這不得不說是一個令人吃驚的發現。

心理學家曾做過一項試驗：對兩組人拍賣同樣的一張演唱會門票。其中一組人要求用現金付款，而另一組人則使用信用卡付款。最後的拍賣結果是：用信用卡付款的那組平均出價是用現金付款那組人的兩倍。

另一項研究中，研究人員在美國一家餐廳，以一周為期，隨意抽查一百名客人的結帳記錄，看看他們選擇的結帳方式是信用卡、還是現金，再調查他們給服務員的小費金額是多少，並記錄一同用餐的人數及消費總額。然後再將消費金額相差無幾的餐桌劃分出來，比較他們給服務員的小費金額。結果發現，使用信用卡結帳者給的小費要多於現金結帳者，現金結帳者給的小費占消費總額的十五％，而信用卡結帳者給的小費，則達到了總餐費的十七％。研究結果證明：金錢的支出型態確實會改變消費行為。

因此心理學家得出結論：付款方式愈透明，「花錢的痛苦」愈大；反之，花錢則愈大方。如果你想少花錢，最直接的方法就是：直接使用現金。這麼一來，就會對自己所支付的錢有更真實的感受，消費也就能更加理智。

若是你無法捨棄信用卡不用，那麼下次在瀟灑刷卡前，不妨稍停半分鐘，在心中默默計算一下，這次的消費究竟要花掉多少錢。同時，也請在頭腦中換算一下，你需要為此掏出多少張大鈔，這樣你就能對消費有更精準的判斷了。

40 你會為心愛的寵物花多少錢？

▼心理學關鍵字：奢侈消費

①
快到哈哈的生日了。
9月

②
親愛的，這個送給哈哈。

③
太可愛了，我要幫牠好好打扮一下。

⑤
這樣帶哈哈出去多有面子啊！

⑥
親愛的，你花在寵物身上的錢，比花在我身上還多耶！

走進一家大型超市購物，當你突然發現專為寵物設立的貨架和專櫃區時，或許會驚訝不已：寵物居然與人享受同等的購物待遇。

目前寵物消費已成為現代人額外消費的一種趨勢，成為消費市場上異軍突起的市場。

而現代人習慣把寵物當小孩養，甚至比照顧小孩還細心，反映出寵物主人的害怕孤單寂寞的真實心理。

住在高級住宅區的王小姐，平日工作認真、收入頗豐，她飼養了一條可愛的寵物狗「紅貴賓」，常常光顧寵物店為小狗添置物品。她單身未婚，因此把小狗當成自己的孩子一般細心養育。寵物狗體質嬌弱，在飲食中需要補充大量的營養品幫助其健康成長。但小狗挑食，又須在食物中加入一些特製的美味以引起牠的食欲；牠好動，每天還要帶牠出去散步運動；牠愛玩，必須為牠添購一些寵物玩具。

王小姐每月也都會帶愛犬去寵物美容兩次，將毛髮梳理得清爽乾淨；為了保持寵物清潔怡人，還要購買專用的寵物香水；有時出門遊玩還要穿上專為寵物設計的「美麗時裝」；生日到了，也要在專屬的寵物餐廳訂位，點上一份價格與主人一樣高檔的寵物牛排……，物質消費比一般人還高檔奢侈。

漫步街上，形形色色的寵物店、飼料商店、寵物美容院、寵物醫院……，就已經說明寵物消費市場與購買力，早已不容小覷。寵物用品從幾十元的項圈、幾百元的衣服、泡泡沐浴乳到昂貴的寵物臨時住房等……，寵物的消費市場的確令人歎為觀止。

愈演愈烈的寵物「奢侈性消費」，需要寵物主人對於消費預算有成熟的規劃和自律心理。面對寵物消費，應當堅持適度原則，不能盲目跟風，爭相仿效其他寵物主人的各種奢華寵愛方式。對於花費在寵物的支出，要量力而為、量入為出。除了要讓寵物有良好的生活品質以外，也要對自己進行財務規劃與分配，將寵物開銷控制在一定的額度與範圍之內，最好可以讓自己還有多餘的金錢可以儲蓄。

另外，養狗除了陪伴自己，還要做到文明飼養，除了美化寵物的外在形象，也要注重居家環境整齊與衛生，負起基本的社會責任。

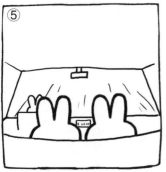

41 為何花在文化消費的錢，比物質消費少？

▼心理學關鍵字：文化價值

票好貴啊，我們還不如去租DVD看。

每次坐計程車都那麼貴，你怎麼不在意呢？

在同等的消費能力下，大家會掏出一八〇元吃一頓麥當勞、或是搭乘一次計程車，而覺得這些錢花得很值得；但是若要用一八〇元買一本書，卻往往會考慮個半天。其原因在於，人們在物質消費和文化消費的選擇上，更傾向於物質消費。

「文化消費」主要是指由文化衍生出的產品或服務，來滿足人們精神需求的一種消費。主要包括教育、文化娛樂、體育健身、旅遊觀光等方面。

文化消費是現代人生活消費的一部分，也是達到人類身心健康與價值理念延續的一個重要途徑。但目前在文化消費中還存在一些待解決的問題，譬如文化價值沒有受到普遍重視，精神消費還未被提升到一定的高度。

文化的心理特性決定了文化消費活動是一個心理活動的過程。總括來說，有相當一部分人對文化消費與文化產業發展的意義認識不夠清晰，文化消費心理不算完全成熟，文化觀、文化價值觀、文化消費觀都還不夠健全，加上觀念及素質差異，因此文化消費仍然普遍受到忽視。目前來說，主要的消費族群還是以知識份子、白領階級與藝文愛好者為主。

另外，很多人提到文化消費就是一個「貴」字，因價格定位而使一般人望而生畏，而對其敬而遠之。但這只是人們在消費順位的選擇上，先選擇了最簡單、基本的物質消費，而在某些程度上來說，排擠了文化消費。

因此，目前的文化消費，基本上還停留在一種經營的初級階段，存在著相當嚴重的危機。這需要從文化素質來慢慢累積與培養，養成一定的文化價值觀；以及對文化消費價格的接受度。

目前大部分的國民休閒活動集中在逛公園、出遊、運動、登山、打麻將、種花盆栽、打電玩等活動上，這些活動既簡易、花費又低廉。而一些屬於消費性的文化活動，包括舞台劇、大型音樂演奏會、購票性質的藝文展覽、書籍消費……，目前都還只是屬於小眾消費，並未達到全面性的流行階段，這說明提升整體文化消費價值觀與品質還有一大段路需要努力。因此，全面展開提升文化素質教育，讓民眾從小養成精神文化消費的習慣是當務之急。

42

為何替孩子添購物品總是不手軟？

▼心理學關鍵字：符合經濟理性的行為

①

②
給寶貝買這個，會讓他更聰明哦！

③
寶貝，媽媽帶你去買新衣服。

④
我家寶貝真是太可愛了。

⑤
這件也買下來。

⑥
親愛的，我們這個月的開銷超支了。

許多家庭父母一生都在為子女打拚、為子女忙碌。有專家估算，養大一個孩子的開銷要在百萬元以上。但不少家長卻表示，各項育兒花費的開銷，再加上學習各項才藝、與出國留學的總數，應該遠遠超過預估的數字。

加上現在「少子化」，每個家庭都只生一個孩子，很多年輕父母為自己的寶貝選擇物品時，都傾向挑選價最好的物品，因此價格也相對比較高昂。

為了營造健康成長的優越環境，家長往往不惜花高價買高檔商品，一套玩具動輒上千元、拍幾組數千元的兒童沙龍照也毫不手軟、更遑論專櫃服飾與名牌鞋子了。當然在教育方面的投資更是不遺餘力，似乎凡是有關孩子的消費，就讓家長們失去了理性。眾多商家也緊盯兒童這一消費市場，兒童消費成為愈來愈多家庭經濟負擔的沈重壓力。因此，專家建議家長不妨透過以下幾點方法，來擺脫孩子奴的狀態：

建議1. 教育理財：在計畫生孩子前，不妨就有開始進行儲蓄，才能避免寶寶降臨帶來過大的經濟壓力。孩子出生後，也可以準備購買保險。零到六歲這個年齡段最容易發生一些小意外，給孩子準備一份意外醫療險是非常必要的；若是可以的話，不妨增加「附加保費豁免」，一旦家長因特殊原因而無力支付保費時，保單還能繼續有效。七到十二歲時，教育基金、醫療保障也都不能少。十二歲以後，則需要培養孩子正確的理財觀念與消費習慣。

建議2. 優化育兒成本結構：可以有計畫的降低孩子選讀私立學校、過度補習或才藝班的費用、高價奢侈品……等大筆開銷；改為培養參觀博物館、美術館、科技館和閱讀課外讀物等興趣、盡量養成孩子自己動手做的能力。不要讓撫養孩子，僅僅淪為單純物質上的滿足。

建議3. 符合經濟理性的行為：歐美一些家庭教育中，在孩子很小時，父母就會引導他們建立正確的價值觀。比如引導孩子將上網費用花在獲取有用的資訊上；或以較少的零用錢購買用品，在勞動中學習以獲得更多的經驗；並鼓勵年齡大一點的子女透過獎助學金或是打工等方式，獲取部分學雜費及零用錢。

43 不積極推銷，反而買更多

▼心理學關鍵字：自由支配感

①
今天輪到我來血拚了。

②
太好了，今天沒有推銷員。

③
哈哈，沒有人監視的感覺真好。

⑤
哇，你今天怎麼買那麼多東西啊！

⑥
原來自由選購反而讓人買得更多呢！

有時我們會發現一種奇怪的現象，那些圍在顧客身邊熱情推銷的店員，業績反而不如讓顧客自由選購的店員來得好。為什麼會出現這種情況呢？也就是說，消費者為什麼都喜歡不受拘束的自由選購呢？

心理學家發現，人類有接受或拒絕做某事的自由。而這個「自由支配感」，正是每個人所最珍視的感受。當放任一個人，讓他知道自己是完全自由的，就有可能引導他完成你的期待。因此，在「自由選購」的狀態下，反而會讓人們消費得更多。

針對於此，研究人員曾做過這樣一項實驗：讓兩組實驗者在街上，分別向路人借錢買公車票。第一組在「您請隨意」的條件設計中，對路人這樣請求：「您接受也行，拒絕也無妨，但您能不能借我一些錢買車票？」另外，在第二組的對照實驗中，只說：「您可以借我一些錢買車票嗎？」實驗結果顯示，當第一組表示對方可以自願選擇的時候，不僅出錢的人數增多，而且給的金額更大方。而在第二組所得到的結果，則是大部分被要求的人，會立刻掉頭轉身離去，或是裝作沒有聽見。

從實驗來看，「自由支配感」是個人自發性的實施某一行為必不可少的要件。「自由支配感」包含著改變人們行為的實際影響力。

自主是行動的前提條件，而這種觀念早已根植於我們內心，只要簡單的連結就能將它激發出來。當請求者提醒對方擁有選擇的自由，結果反而會和他的請求形成悖論，證明了以這種方式請求別人，強制的感覺反倒會減少，別人也就更易於接受了。

在消費過程中，顧客同樣也喜歡一種自在的、自由的購物環境，有充裕的時間與空間供他們慢慢欣賞和挑選。如果銷售人員過分熱情、緊緊跟隨，並且喋喋不休的介紹商品，很容易就讓顧客覺得反感，會讓他們感受到一種無形的壓力，反而想要趁早逃之夭夭。

但讓顧客自由的挑選商品，也並不意味著對顧客不理不睬，關鍵是需要與顧客保持恰當的距離。另外，自由的感覺也可由其他話語來呈現，譬如「請隨意」、「您慢慢挑」……，這樣的話語同樣能讓人感受到是基於自己的自由意志所做出的購買決定。

44 為何情人節玫瑰很貴，卻仍有人買？

▼心理學關鍵字：價值衡量

②
給親愛的一個驚喜。

④
多少錢一支？
150元一支。

⑤
好貴啊，一年就過一次
情人節，還是買吧！

⑥
謝謝你，親愛的。
你果然還是愛我的！

在希臘神話中，「玫瑰」既是愛神的化身，又溶入了美神的鮮血，是集愛與美於一身的花朵。

後來，人們不斷用玫瑰花來象徵愛情與幸福，玫瑰不但代表了熱情、幸福和魅力，也傳達了對幸福的歌頌與對愛人的傾慕之意。

所以，每年的情人節玫瑰花就成了搶手貨。基於供需原理不難發現，玫瑰花的價格是年年攀升、居高不下。縱使如此，人們在情人節購買玫瑰花的熱情依然未減，究竟原因何在呢？

理由1. 玫瑰花的真正價值：一枝玫瑰的價值究竟為多少錢？經濟學家認為，這個問題似乎沒有準確的答案。因為在不同的時間、地點，玫瑰的價格都會發生不同的變化。平常一枝玫瑰花也許大約二、三十元，有的地方甚至賣得更便宜；但若在情人節或是高檔西餐廳門口，卻能賣到一枝百元以上。

根據經濟學原理，供給和需求會影響到價格的高低，這一點是毋庸置疑的。在每年的情人節，玫瑰花的需求量要比平時高出許多，這也是情人節玫瑰花價格高漲的原因之一。情人節的玫瑰花價如此高，但還是有許多人願意購買，這是因為無論玫瑰花有多貴，在購買者心中的「價值衡量」，必定還未超出其應有的價格範圍。

理由2. 幸福比玫瑰更值錢：情人節出售的玫瑰屬於奢侈品，奢侈品的行情顯然與社會上的必要勞動關係不大。因為，情人節的玫瑰花價直接取決於人們對它的主觀評價。奢侈品的價格絕對是主觀的，通常人們對奢侈品的評價愈高，該件奢侈品的價格也就愈高。而人們對奢侈品的評價，往往取決於個人喜好，以及別人對此的影響。

基於以上兩點理由，每逢情人節，花店裡的顧客依然絡繹不絕，愛到深處的情人們，沒有太多人在意玫瑰花到底多少錢一枝。因為在顧客的心裡，愛情是無價的，象徵愛情的玫瑰也是無價的。也就是說，不論一束玫瑰究竟有多貴，需要向情人表達愛意的消費者，仍然會不惜血本的買下；甚至是買得愈貴，愈能代表對方在自己心目中的份量。而這樣子的情意，已經不是純粹用價格就可以衡量的了。

45 週年慶大降價背後的祕密

▼心理學關鍵字：求實惠心理

每到歲末年終，百貨公司總會吹起一波波的打折風，消費者也都養成等到年終或週年慶再搶搭「折扣潮」的習慣，趁著此時大肆採購儼然已成風潮。而那些不打折的百貨公司就會門庭冷清，沒有顧客願意上門。但歲末或週年慶大降價真的會讓百貨公司大失血嗎？折扣的背後到底是誰在買單？

對於部分知名品牌廠商來說，由於商品的利潤高，廠商可以憑藉雄厚的品牌優勢對百貨公司提供折扣，甚至順勢進行促銷活動。但對於中小規模的品牌廠商來說，他們的利潤沒有這麼高，無法提供會侵蝕獲利的高折扣，這樣一來，某些廠商就得利用其他手法來提供折扣。

祕密1. 大拍賣前先漲價：早在去年十月，美美在服飾店看上了一件大衣，但當時價格太貴，美美沒捨得買。所以，她等到百貨公司的「年終大拍賣」開跑後，滿懷希望地想去買下那件大衣，卻發現先前在其他地方看到標價四千九百元的大衣，在大拍賣時竟調為九千八百多元；然後在打完對折之後，竟然與原本的價錢相差不多。

◆專家提醒：這是採用「先抬價，後降價」的方法，雖名為打折，但因標價比原先售價還高，所以事實上，消費者並未搶到便宜。百貨公司這一做法不外乎有兩種形式：一種是兩套價格行為，即對同一商品或者服務，所使用兩種標價或者價目表，看似以低價招攬顧客，但實際上仍是以高價進行結算。另一種是虛構原價的行為，如上述美美的遭遇。如此一來，消費者不僅沒有買到便宜的商品，反而有可能要付出比沒有打折之前更高的價錢。

祕密2. 過期商品變身成贈品：小方在超市買了兩大瓶的優酪乳，根據超市週年慶買二送一的促銷原則，另外還獲贈了一大瓶優酪乳。可是當小方拿回家時才發現，贈品竟然是已經快要過期的產品。

◆專家提醒：商家抓住消費者喜歡實惠贈品的心理，在促銷正品之時，常常會搭配附送一些小贈品或是採用「買一送一」銷售的策略。但由於贈品成本不能侵蝕到正品的利潤，所以很多都是附送價格低廉的小贈品，或是搭配即將過期無法繼續銷售的產品，消費者在購買時一定要特別留意。

祕密3. 消費禮券不找零：張先生和朋友一起到一家餐廳聚餐，共花費了二千元。按照店家規定，「消費滿千元，就送二百元餐券」，張先生如願拿到兩張二百元的餐券。幾週後，張先生獨自到該餐廳用餐，消費了三百元。當張先生拿出兩張上次的餐券付帳，並要求找一百元時，店經理卻聲稱：「店裡的規定是餐券不能找零。」

◆專家提醒：這類型的消費優惠券常常會給消費者帶來一些誤導。事實上，有時這些優惠券未必能全部都能兌現。譬如該找的零錢不能退還、有些商品不列在活動之內、下次消費設有較高金額門檻，才能使用優惠券……等等。這些消費者可能事先並不知情，而當使用了優惠券之後，才發現消費陷阱。因此，消費者在使用這些優惠券之前，務必要詢問清楚，不要讓自己的權益受損。

46 鑽石為什麼這麼貴？

▼心理學關鍵字：「邊際效應」

我們常說：「水是生命之源。」沒有水，人類將無法生存，可見水的使用價值是很高的。然而在現實生活中，水的價格卻是十分低廉。而鑽石其實只是一種礦石，誰離開了它，也都能生活得很好，那為什麼它卻賣得如此昂貴呢？

如果想解釋這個問題，就不能不提到經濟學中著名的「價值悖論」。有些東西效用很大，但價格卻很低，譬如水；有些東西效用很小，但價格卻很高，譬如鑽石。由於這種現象與傳統的價格理論明顯的不一致，所以稱為「價值悖論」，又稱「價值之謎」。

這個價值悖論是亞當．斯密在《國富論》中提出的，人們一直無法給予合理解釋，直到「邊際效應理論」的提出才找到令人滿意的答案，解釋這一問題的關鍵就在於區分物品的總效益和邊際效益。

原因1.**「邊際效應」**：關於這個效應，可以用一個有趣的故事來說明：羅斯福曾連任三次美國總統，有位記者問他有何感想？總統一言不發，只是拿出一塊三明治請記者吃；記者吃下去後，總統又拿出第二塊，記者勉強地再吃下去；沒料到總統又緊接著拿出第三塊三明治，記者趕緊婉言謝

①
哇，綠豆今年這麼貴啊！
綠豆
15/200g

②
由於炒作和天候不佳，今年綠豆特別貴。物以稀為貴嘛！

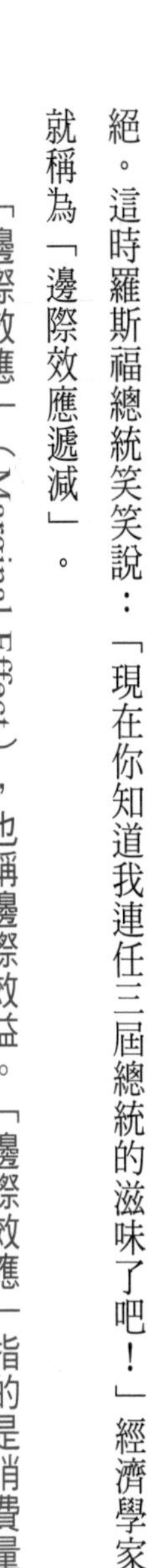

絕。這時羅斯福總統笑笑說：「現在你知道我連任三屆總統的滋味了吧！」經濟學家把這種現象就稱為「邊際效應遞減」。

「邊際效應」（Marginal Effect），也稱邊際效益。「邊際效應」指的是消費量每增加一個單位，所增加的滿意程度，而這種滿意程度則是遞減的。它取決於需求與供給之間的關係，當需求愈多愈強烈，而滿足這些需要的物品愈少時，得不到滿足的需求就變得愈發重要，這時物品的邊際效應就愈多。

譬如在你感到飢餓的時候，會覺得吃到的第一碗麵會比第二碗要香很多，而到第三碗可能你就不想再吃了。又或者當你看第二遍電影的時候，明顯會覺得沒有第一次看時興致那麼高，這就是「邊際效用遞減」的規律。

原因2.「**物以稀為貴原則**」：眾所周知，水給人們帶來的總效益是巨大的。沒有水，人類就無法生存。但根據邊際效應的觀點，當對於某種物品的消費使用次數愈高，其最後一個單位的邊際效應就會愈小。水在生活中的消費是最頻繁不過的了，因此最後一單位水所帶來的邊際效應就顯得微不足道了。

相反的，相對於水而言，鑽石的總效用並不大，但由於鑽石被消費的次數極低，所以，其邊際效益就變大。根據邊際效應價值理論，消費者分配收入的方式會盡量遵循使所有物品支出的邊際效應相等的原則。若是將這一原則應用到水和鑽石上，就形成了鑽石價格高、水價格低的現象。人們願為邊際效益高的鑽石支付高昂的價格；而只願為邊際效益低的水支付低廉的價格，其實是一種理性的消費行為。「物以稀為貴」的道理也正在於「稀」的物品邊際效益高。現在我們就可以解釋為什麼鑽石比水昂貴得多了。

47 從你怎麼吃，看出你的身份

▼心理學關鍵字：飲食消費心理

①
親愛的，你還記得我們以前過的艱苦日子嗎？

②
只能天天吃麵包。

③
去超市也只買打折的食物。

④
後來，生活一天天變好了。

⑤
我們偶爾也會去看個電影。

⑥
不管物質生活如何，我們都依然相愛。

人的一切行為，都受心理活動的支配。而各種心理活動，又常受到外界因素的影響，飲食消費也同樣如此。

影響到飲食消費心理的因素很多，譬如對於同樣的食物和相似的吃法，不同族群的人也常會表現出帶有各自文化特徵的生理和心理反應。因此，飲食消費似乎成了一件吃得出身份的事情。

觀察1. 從用餐選擇來看：從早餐怎麼吃，不同的用餐選擇，也能看出身份：譬如在餐桌上放了一個精美的盤子，盤子上盛了一小塊精緻的蛋糕，旁邊放了一杯不加奶與糖的黑咖啡，也許你就能猜出，桌旁坐的是位優雅、擁有不錯教育經歷和職業背景的人。

如果餐桌上一團混亂，塑膠袋裡裝著吃剩一半的麵包，加上一杯冰水，旁邊還放了大碗泡麵，以及一堆吃了一半的零食，你也許能猜出，桌旁坐的是位個性閒散、對於生活品味較不重視的藍領工人。

觀察2. 從食品種類來看：食品消費的種類常常是人類學者為不同族群劃界的起點。英國的一項研究發現，隨著社會族群的不同，或是不同的信仰，都會影響人們在牛奶、肉，特別是蔬果等食品上的消費量呈明顯的不同。

不過另一件事也引起了研究者的注意，即與中產階級人士相比，收入較低族群的麵包和馬鈴薯的消費量則呈現偏高的狀況。收入差距導致購買力的差異，是這個邏輯關係的論據。另外，這類人們普遍不願嘗試他們較不熟悉的食品，對於多樣化的食物接受度也較低。心理學家解釋說，這有可能是因為他們認為孩子可能不喜歡新奇的食物，而避免將錢浪費在那些並不便宜的東西上。

觀察3. 從熱量選擇來看：其實除了個人先天喜好的因素，人們的口味偏好還與自身的飲食經驗和期待相關，這意味著對某種口味的喜愛是可以經由後天所塑造養成的。而塑造過程所需的知識、經驗和自我控制的能力，也與生活背景有關，這從中產階級家長節制孩子對甜食與高熱量食物的攝取，可以看出來。研究者發現造成這一現象的原因是，這族群的父母期待孩子擁有健康身體、良好體型、注重牙齒保健，以及建立良好規律的飲食習慣……，因此這類族群的父母通常會更嚴格控制孩子的飲食行為。

48 分攤付費，反而花得更多

▼心理學關鍵字：平均分攤

①
今天我們出去吃飯吧！

②
我們今天平均分攤吧，
薪水要過兩天才發呢！

③
兩位點什麼？

④
我們考慮好再點餐。
⑤
還是別平均分攤了，
你算算，要貴200多元呢！

⑥
親愛的，你太厲害了，
還是一起吃最省錢。

西方人的聚餐習慣是吃完飯以後各自付帳。在亞洲國家則通常是朋友一起吃完飯後，大家總搶著付帳，這是我們司空見慣的現象。

但現在情況漸漸改變，年輕人出門消費也開始習慣大家一起平均分攤所需要的費用。

平均分攤帳單的好處是減輕了單獨支付大筆帳單的壓力，這原本是件好事，但是人們卻從中發現了一個問題。就是平均分攤帳單之後，反而消費的金額比平時還多，這究竟是為什麼呢？

原因就在於每個人都想要得到比單獨付帳時更大的好處。舉例來說：假如有五個朋友一起去用餐，並事先約定要平均分攤這次的消費，那麼其中的一個人如果在平時單獨用餐時，他只會點二五〇元的普通牛排，而如果他點五百元的大份高檔牛排，則需要額外支付二五〇元。

但現在大家一起享用分攤，他就可以點五百元的牛排，因為平均下來，自己只需要多支付一百元就可以了，這樣就代表自己得到了比平常高的額外好處，這是相當合算的。既然這麼合算，為什麼不點大份牛排呢？但是這個群體中的其他人，反而每個人都要再多付一百元，實際需要支付的總金額比正常情況增加了許多。

「人同此心，心同此理」。事實上，其他人大都也會這麼想，大家在預期平均分攤帳單的心理下，都點了比平常個人支出時，更大份、更昂貴的餐點。

結果看似個人分攤的單項費用減少了，而且自己似乎還得到了額外的好處，但實際上，他們必須分攤支付的總金額卻不斷地在增加。這樣到最後，分攤到每一個人身上的費用反而增加了。

雖然平均分攤帳單既不公平又無效率，但不大可能會消失。畢竟，它導致的損失一般來說並不大，而且平均分攤帳單還是有許多好處的，譬如所累積的消費點數與各項優惠和折扣，都絕對比個人消費時來得大；在點餐時，也能夠吃到平時一人無法享用的份量與多樣性的口味變化。

當然，聚餐最重要的目的是為了聯絡感情、建立人脈，而情意與友誼的價值才是真正無法被估算的。

49 為何便利店的飲料賣得比較貴？

▼心理學關鍵字：附加服務價值

①
生活中我們需要正確
又合理的理財。

②
但是有時候趕時間，
就不得不付出一切代價，
以獲得方便。

③
有時為了趕時間，
就去自動販賣機買飲料。

④
想要享受，當然，夏天
冰冰的飲料也會貴一些。

⑤
大部分時候我會去
大型超市買東西，比較省錢。
supermarket

⑥
總括來說，省錢生活
也是有小哲學的。

同一個廠商、同一個品牌，就連容量也相同的飲料，當你分別到小型便利店、超級市場，或者從自動販賣機購買時，可能會發現售價是不一樣的。

譬如在小型的便利店售價是二十元，在超市售價可能為十四元，而在自動販賣機則需要十五元，你曾經想過，為什麼售價居然會有這麼大的差別呢？

原因1. 附加服務價值：在現代的消費行為之中，消費者會在不同的地方、以不同的價格來購買相同的產品，這是一種十分常見的現象。以便利商店來說，它的售價普遍高於其他通路，正是因為其中有一個「附加服務價值」的概念。

那些包裝上看起來完全相同的瓶裝飲料，在普通商店或是大型連鎖超市放在貨架陳列銷售時，並不見得會對其進行冰鎮或加熱處理；然而，在便利店所提供給消費者的瓶裝飲料，幾乎都是經過冰鎮或經要求會進行加熱處理的。對此，處理後所提供的附加服務價值是兩者價格不同的最大區別所在。因此，消費者在便利店購買瓶裝飲料時，不僅要付出與商品本身價值相應的價錢，還需要額外付出中間環節所需的費用。

原因2. 交易成本的轉嫁：在現實生活中，我們在購物時，都要面臨負擔各種各樣的成本。譬如我們從家裡到購物地點之間往返所需要的時間、所花的體力，以及所需要支付的交通費，或者自行駕車所消耗的油費。這些額外付出的資金，都可以稱其為「交易成本」。

當我們想要買一瓶飲料時，便利店的存在正解決了此一問題，不用刻意開車到遠在幾公尺外的大型連鎖超市，只需要走到樓下或巷口，就能得到便利店所提供的立即服務。因此，這樣及時、便利的服務，以及為消費者所節省下的交通費與時間等交易成本，就讓便利店的商品售價居高不下。

另外，就是便利店在大都市的展店密度極高，每走幾個巷口幾乎就有一間便利店。以「便利」為前提，所以便利店地點的選擇，往往都是交通最便捷的要道，如此店面租金當然相對高昂；而強調二十四小時不打烊的便利店，也會有較高的人事費用。因此，店租與人事成本當然也會轉嫁到消費者身上，便利店的商品售價自然也就比其他通路來得貴了。

50 電影院的爆米花售價為何三級跳？

▼心理學關鍵字：消費氛圍

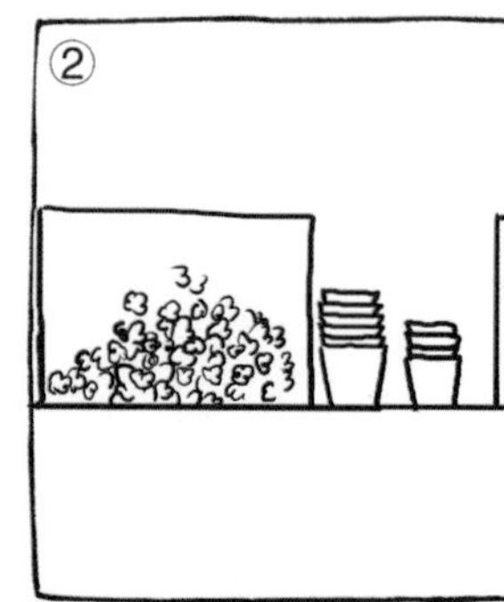

④
好渴啊，去買瓶可樂吧！

⑤
哇，真開心！

⑥
一邊看電影、一邊吃爆米花真是人生一大享受呀！

「爆米花」是一種可以在家利用生玉米粒與奶油自己製作的低價食品。但當它與「電影院」這個地點放在一起時，它的價格卻呈現三級跳，立刻翻升了好幾倍。

這是因為人們喜歡在電影院一邊看電影、一邊吃掉一桶爆米花，和喝掉一大瓶汽水；就像是邊看球賽、邊吃熱狗、喝啤酒所帶來的滿足感一樣。雖然電影院裡的爆米花價格很貴，會讓娛樂預算增加，但消費者的購買熱情卻不見減退，這到底是為什麼呢？

一項調查顯示，消費者在電影院的平均零食消費金額，常常接近電影票價的一半以上。「電影院」和「爆米花」看似不相關，兩者的關係卻像印表機和油墨。也就是說，人們既然已經買了印表機，就不會太在乎油墨的價錢。同樣的，人們既然已經走進了電影院，對爆米花這類零食的消費也就理所當然了。

這在經濟學上被稱為主產品和附加產品的關係。對於電影院來說，電影票是主產品，而爆米花等食品則是附加產品，主產品能夠帶動附加產品的消費，再經由「消費氛圍」的催化，電影院也因此獲得了巨大的利潤。

電影院的爆米花、熱狗等食品之所以熱銷，其實與電影院所營造出特有的消費氛圍有很大關係。電影本身可以為消費者提供視覺和聽覺的多重享受，但味覺的享受也是大部分人在觀看電影過程中必不可缺的。因此，要滿足味覺上的享受，就需要消費者額外付錢來購買了。為了達到全方位的感官娛樂享受，許多消費者對此是不會吝嗇的。

在電影的消費族群中，年輕人的人數遠遠超過老年人，而年輕人對於小額的金錢敏感度不高、也不善於精打細算與控制消費，為了滿足當下的滿足感與口腹欲望，因此通常不會特別在意價格被哄抬。電影院的另一主要消費族群是雙雙對對的情侶，他們在此氛圍下的消費更是極為慷慨大方的。

電影院裡所出售的爆米花不僅僅是價格高，業者還會設法銷售其他產品。爆米花吃多了，自然就會口渴，而口渴就必定會去買飲料，這又形成了變相增加的消費。消費者就算真的覺得貴，通常也不會想要再大老遠跑到外面去買，而電影院的業者正是抓住了消費者的這種心理，才敢把爆米花的價格定成「天價」。

51 買套票、還是單次購票較划算？

▼心理學關鍵字：心理價位

①
"每日健身"歡迎您加入。

②
好久不運動，
最近好像長胖了。

③
我們健身房有專門針對瘦身的課程哦，而且是免費的。

④
每日健身房
一年卡 800
二年卡 1400
30次卡 500
50次卡 700

⑤
好像加入一整年的會員比較划算，辦一張全年卡好了。

⑥
親愛的，對你來說還是單次券比較划得來啦！

馬修和李奧兩人都非常喜歡滑雪，他們相約一起出國到滑雪聖地旅遊。

由於是自助旅行，所以滑雪場的票券是到當地購買。不過兩人安排的行程略有不同，到達滑雪場的可利用時間也各不相同，因此兩人各自購買了配合自己時間的入場券。

馬修買的是四天連續自由套票，可以隨時進出滑雪場；而李奧買的則是四張單日票，限單日單次進出滑雪場。在最後一天夜裡，天氣突然轉壞，下起雨來。對於滑雪而言，是極為掃興的事。想想看，在這種狀態下，他們兩人誰會更執著於滑雪？誰又會更心疼已經支付的票錢呢？

其實兩個人的情況基本上是一樣的，唯一不同的地方，就是兩種門票的購買形式有所不同而已。即一種是套票，另一種則是四日的單張票，這卻使兩人產生了完全不同的消費心態。其結果是：與購買套票的馬修相較，購買單日票的李奧會更執著於最後一天的滑雪。

心理學認為，由於人們習慣於將自己所得到的享受與價位連結在一起，所以對於並非購買套票的人來說，因為自己手中仍持有實體票券，若要放棄其中任何一張，對於他們來說都是很可惜的。相反的，購買自由套票的人卻很容易會想「已經用這個價位換得充分的享受了」，所以他們在心理上較不會在意放棄其中的一、兩次。

那麼，文章開頭的情況也就有了合理的解釋。李奧如果第二天不去滑雪，便會剩下一張票，這樣他會強烈感到是自己浪費了這張票的錢。但購買連續可自由進出套票的馬修，情況則有所不同了。他沒有「使用一次要消費多少」的具體憑證。因此並不清楚自己得到的服務與付出的金錢之間，究竟是存在怎樣密切的關係，所以即使最後一天不去滑雪，他也不會去想究竟浪費了多少。只會認為自己在已支付的價格上，已經充分享受過三天了。對於購買過旅遊套票（提供餐飲、住宿、機票、觀光遊覽各項服務），卻因中途更改行程而錯過用餐時間，或放棄部分觀光行程的人，對此應該也會有同感。

因此，如果你辦理了健身房的月票卻不經常使用，建議請馬上到健身中心將其換成三十張單次票券。這是由於我們不能堅持每日前往健身中心，除了與自己的時間和意志力有關之外，也與消費心理成正相關。因為它是套票，所以漏掉幾次也不會在乎。

chapter 4

崇拜消費心理學

▸解開讓你花錢不手軟的祕密

52 為什麼國貨不敵洋貨？

▼心理學關鍵字：崇洋心理

①
親愛的，還記得我們
結婚時的情景嗎？

②
家裡的電視機是日本貨。
MADE IN JAPAN

③
冷氣機是美國貨。

④
洗衣機是德國貨，
真是讓別人超羨慕的。

⑥
想想當時還真風光呢！

艾力的一位朋友準備籌辦婚事，買了一台四十二吋的進口液晶電視。

艾力問他，現在國內品牌的液晶電視品質也不錯，為什麼還要多花上萬元買進口的品牌呢？他說，朋友同事們都買進口的液晶電視，要是我買國產品牌的話，感覺上好像輸人一截。

相信生活中類似的例子不在少數。人們愛買進口貨，這是不爭的事實。就算現在大家出國機會頻繁，對外國貨早已見怪不怪，但在選購物品時，如果不是價格因素，大部分人還是會以進口貨為優先考量。

這究竟是因為進口貨的品質高人一等？還是高價造成的炫耀性因素？亦或是單純「外國的月亮比較圓」的崇洋心態呢？

瑞士製造的「歐米茄手錶」（Omega）曾是精品名錶的代名詞；日本「日立」（Hitachi）所生產的各式各樣家電用品，擁有耐用、高品質的口碑，也曾是大家最愛用的品牌之一；德國生產的「賓士車」（Benz）也一直是事業成功人士所追求的目標……。在這樣鍾愛國外品牌的消費心理作用下，便有了以進口商品為行銷手段的存在空間。

因此，很多國產商品會包裝成「進口」品牌。譬如明明全部是國內生產的商品，但只有其中某一個零件是美國製造，但在包裝與宣傳上就會特別強調是美國貨。

或是在超市中琳琅滿目的進口食品中，也不乏有些只是利用包裝和文字故弄玄虛的國產食品，身價因此倍增。譬如有兩款類似的啤酒，其中一款只是貼了個洋味十足的標籤，售價就立刻提高許多。

為了滿足消費者崇洋的心態，有些企業甚至刻意到國外註冊登記立案，然後再回到國內成為「外國廠商」。在種心態作祟之下，許多企業打出的形象廣告也常會強調擁有國際技術、由國際研發、國際化服務……。

因此，提醒廣大消費者，在購買商品時，應該仔細查看包裝上的各種標示，確認商品是否真正符合自己的需求，再決定是否購買，不要落入盲目選擇進口品牌的迷思。

53 電視購物抓得住消費者的心！

▼心理學關鍵字：消費者心理

①
電視購物現在很紅嘛。

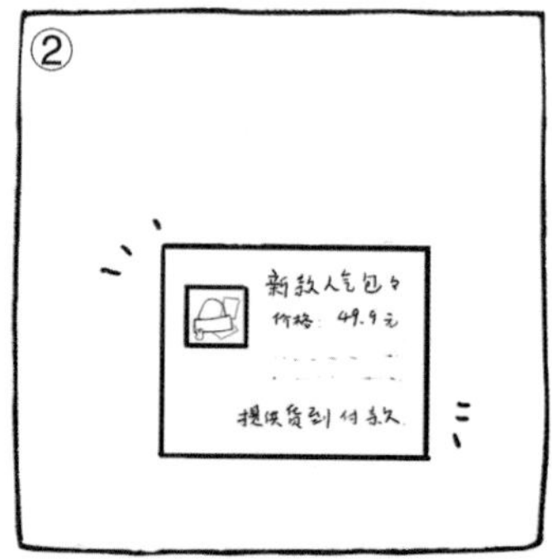

③貨到付款很方便啊，看上去品質也很好。

④
嗯，買下來吧，
真是太方便了。

⑤
太好了，
我的皮包送到囉！

⑥包包的品質好差啊，
果然不能聽信廣告的宣傳。

電視購物的興起，帶來人們一種新的消費習慣，也的確曾經創下亮眼的業績。不過，這究竟是怎麼辦到的？

面對遙遠的、可望而不可及的商品，為什麼還是有很多消費者紛紛打電話訂購呢？這種看得到、卻摸不著的遠端購物，消費者究竟是如何被打動的？它又有哪些消費陷阱呢？

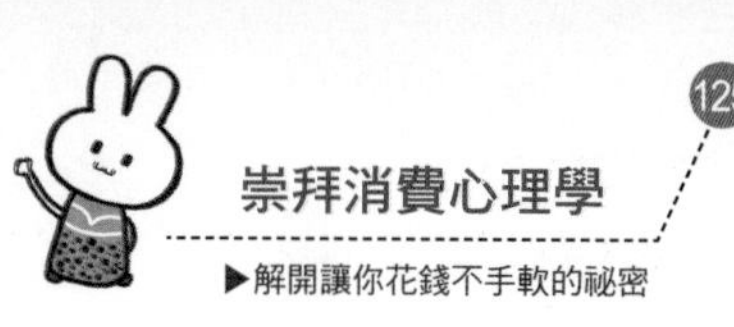

陷阱1. 利用拍攝技巧、廣告視覺效果吸引消費者：電視購物最常使用的銷售方式主要有三種：一、反覆播放「轟炸」，贏得視覺效果。二、過分誇大產品功效，進行誘導性的銷售。三、由模特兒扮演產品使用者，用這些人的形象現身說法。四、增加商品數量或贈品，形成價格誘惑，刺激消費者的購買欲望。

陷阱2. 剝奪消費者的驗貨權：當收到所訂購的物品，並拆開商品包裝之後，發現貨物本身存在品質問題或有瑕疵，或是與所訂貨物型號、款式、規格、性能、數量不符時，由於快遞公司並非銷售主體，因此概不負責。所以，在購買方式上，消費者應盡量選用貨到付款的方式購買。當商品送達後，若發現產品存在瑕疵、損壞或者功能不全時，應拒付貨款和拒絕收貨，以免權益受損。此外，商品送達後，要注意對所購商品認真進行查驗，如發現商品與廣告宣傳不一致，或廠商者不能夠提供購貨發票、保固卡等憑證，消費者均可拒付貨款。

陷阱3. 廠商基本資料要完整：一些電視購物廠商在廣告畫面及銷售過程中，一般都不會標示出售後服務電話、公司完整名稱和具體地址，甚至在郵寄給客戶的包裹上，也沒有這些資訊。因此，消費者如果有意購買，應先確認相關訊息。若是發現訂購熱線不能提供公司詳細的基本資料，則需考慮是否要繼續訂購。

陷阱4. 消費者舉證困難重重：大部分電視購物台沒有自己的產品，通常是接到消費者的訂購電話後，直接讓供貨廠商發貨，再由快遞公司送貨，即使先前已經提供了憑證，但因無明確的公司詳細資料，造成事後消費者舉證困難。因此，消費者購物後最好保留各種單據，如訂購單、發票、匯款單、保固證明等。對於廠商所提供的各種單據和承諾，都應當要求其加蓋公司章，以維權消費者的權益。

54 天價貨，賣得是什麼？

▼心理學關鍵字：炫富心理

①
好漂亮啊！

③
好想買那個皮包啊，
我要努力存錢！

④
親愛的，
你要拿這些錢去買皮包嗎？

⑤
這個皮包其實不值那麼多錢啦，而且也沒必要買這麼貴的皮包啊！

⑥
哈尼說的對，
貴的不一定是最好的。

現在很多業者，會不時地推出一些極為豪奢、極為昂貴的商品，這些商品雖然十分精美誘人，但其價格也足以讓人望而生畏，所以能夠真正賣出去的很少。那麼，為什麼業者還是樂此不疲呢？這些高檔天價貨，賣得到底是什麼呢？

企圖1. 吸引目光焦點：美國頂級內衣品牌「維多利亞

的祕密」（Victoria's Secret），每年都會在耶誕節之時，高調推出一款神祕的禮物。如一九九六年推出了鑲鑽魔術胸罩，價值一百多萬美元；一九九七年推出了價值三百萬美元的鑲鑽藍寶石胸罩；到二〇〇六年又推出由頂級的鑽石品牌「火之心」打造價值六五〇萬美元的鑲鑽夢幻胸罩，而且每次都是邀請國際水準的超級名模代言。不過，如此昂貴的商品卻從來沒有人買過，那業者這樣做的目的究竟是什麼呢？

其實，業者之所以定期推出如此搶眼的商品，是為了吸引媒體的注意，使自家品牌能夠得到廣泛的宣傳，從而鞏固舊有顧客的忠誠度、以及發掘潛在的新客戶。業者推出頂級商品的行為本身即為一種廣告，並非想真正出售這些天價胸罩。因為縱使這些造價不斐的昂貴商品賣不出去，其實也無所謂，因為這些寶石與鑽石未來還是可以繼續使用。

企圖2. 提高形象：使用高檔的材質及設計來創造新商品的目的，在於業者希望透過一個極高的定價來抬高產品整體形象。由於消費者普遍都有「一分錢、一分貨」的心理，認為產品質愈好，價格也會愈高。

企圖3. 提供參照：昂貴的商品一旦出現在產品目錄上，就會給人們帶來一個新的價格參照。這樣業者就像在客戶的意識裡植入了這樣一種觀念，這家內衣品牌的產品擁有頂級質感，一套動輒就要百萬元。因此，即使花上數萬元買件胸罩也不會是多麼荒謬的事情。與六五〇萬元的鑲鑽夢幻胸罩相比，自己即使花二萬元買一套高級的內衣也不會顯得太奢侈。

對於高檔的天價貨，我們姑且不論它真正的價值為何？消費者要注意的是：個人其實有沒有必要買這麼貴的商品，這也就考驗到其消費是否理性。如果購買的人僅僅是為了炫耀財富，那麼這種炫富心理是完全不可取的。

55 幸運號碼為何身價不凡？

▼心理學關鍵字：供需原理

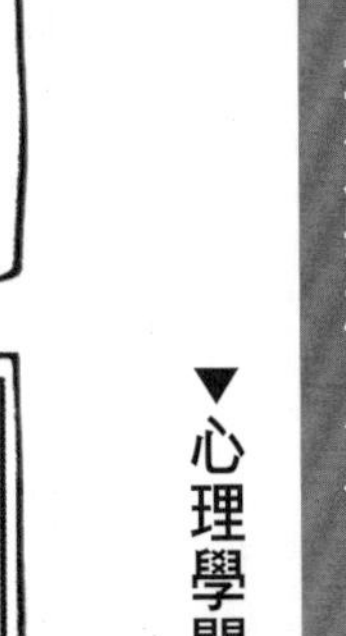

某次公開競標汽車牌號的拍賣會上，一個帶有三個「八」的車牌號碼，以一百多萬元的高價被買走；有一位掮客，他手裡擁有幾組手機號碼，每個號碼都價值幾萬元、甚至十幾萬元……。為何幾組小小的數字卻可以賣到如此高的價格？買去有什麼用途呢？

其實答案很簡單：就是「求吉利」！希望透過數

字，給自己帶來好運氣或避免晦氣。即由人們的傳統觀念、或是出於個人偏好而產生對某個或某組數字的特別需求，認為吉利的數字能幫助自己事事順利或升官發財，譬如在中國普遍認為最吉利的數字就是「六」、「八」和「九」等，因為這些數字傳統所代表的意義都是十分吉利的，大多數是從「字音」與吉祥字的諧音而來，就像「八」的發音近似於「發」；「九」又與「久」諧音，所以便被賦予了長長久久等文化意涵。

這樣的例子在社會中比比皆是，也正如北京奧運會開幕時間選擇在二〇〇八年八月八日晚八點也絕非巧合一樣，吉利數字的偏好甚至是一種文化現象，心理學家認為，有了吉祥或幸運數字，會增強人的自信心和對勝利的預期，其他的人看到這些數字，也會覺得有種強烈的認同感。

於是就使得「幸運號碼」存在著極大的市場。一般來說，含「八」和「六」的手機號碼最受人青睞，甚至五個「八」的號碼和七個「八」的號碼，在價格上就會相差很大，多兩個「八」，就能增值二十萬元。由於「幸運號碼」的唯一性，以及文化上人們對吉利數字的心理認同，而創造出市場上的供需關係。

也正因為供需原理，決定了它的高價，由於整組幸運數字的獨特性與稀有性，形成市場需求大過於供給的現象，「物以稀為貴」正是市場規律的正常表現。於是生活之中常出現的幸運手機號碼、幸運車牌、乃至幸運樓層……，因此容易被代理商猖獗地順勢哄抬，屢屢拋出令人咋舌的天價號碼！

與數字偏好同時存在的，是數字避諱。如果說吉利號碼在市場上是供不應求的，那麼而相對來說，不吉利的號碼則是乏人問津的。就像是在中國文化之中，避諱最多的是四，因為它的發音近似於「死」，所以無論是豪宅大廈或是醫院樓層都會盡量避免使用，以免不吉利的事情發生；而西方文化之中，則是避諱「十三」。

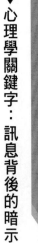

56 好的電視廣告才能讓消費者掏錢

▼心理學關鍵字：訊息背後的暗示

①
廣告……

②還是這個廣告……
純天然
面膜

③怎麼還是這個廣告……
純天然
面膜

④這種面膜在廣告裡看過。

⑤看起來不錯，
買一盒來試試看。

⑥

廠商往往會透過很多手段和途徑來宣傳自己的產品，譬如利用電視、報紙、雜誌等管道來為產品做廣告。

在眾多的管道之中，廠商最看重的應該還是電視廣告。為什麼各家廠商這麼熱切地希望顧客知道自家商品曾在電視上做過廣告呢？

我們都知道，電視廣告是很貴的，短短幾秒鐘的時間就要收取幾十萬、甚至幾百萬元的廣告費，即使是深夜時段的廣告，費用也要比上廣播電臺或平面媒體貴得多。而有些廠商之所以還要特別在報紙、雜誌或產品包裝上提醒消費者去注意電視廣告上的活動訊息，就是為了讓消費者知道自己砸下了很大的本錢，製作了精緻的廣告來向潛在客戶作宣傳。

同時，電視媒體的傳播力量無遠弗屆，對社會大眾的影響力遠遠超過其他媒體。一句深入人心的經典廣告詞，往往會讓人在多年之後記憶依然深刻；而一幕撼動人心的廣告畫面，也會激起消費者想要擁有這項產品的欲望；消費者也會認為，只有具價值的產品，才會值得廠商砸下大錢宣傳。電視廣告背後暗示的訊息是，我是最好的、也是最值得購買的商品。

因此，電視廣告所傳遞出的訊息就是製造商對自己的產品極具信心，相信自己的商品會受到廣大顧客的接受和喜歡，因此願意投入如此大的資金在電視上做廣告，來讓更多人知道。

廣告產生的作用就是吸引潛在消費者來使用自己的產品，如果大多數的顧客使用之後很喜歡，就會持續購買、或推薦給親朋好友，這樣廠商才能因產品的暢銷而獲利。但若消費者使用了該產品，卻普遍表示失望和反感，那就也就不會再次購買，也不會介紹給別人，這樣廠商花了大錢做的廣告就等於浪費了。

所以，同樣的廣告費用花在好的產品和次等產品上所帶來的效果是完全不同的。只有被看重有廣大消費市場的商品，才有上電視廣告的價值。如果做了，就在一定程度上代表了其推出的是好產品，有潛在的市場，會得到顧客的喜歡，有了這樣的資訊，顧客也會大膽嘗試。

當然，也會有些不法商人會透過誇大不實的廣告來牟取暴利，因此提醒廣大消費者，要提高分辨廣告的真實性與自我保護的能力，做一個具有思辨力和維護自己權益的消費者。

57 凱莉包為何讓女人愛不釋手？

▼心理學關鍵字：「名牌效應」

買這個！
不，買這個！

這個雖然不是名牌但評價很好。
這個是名牌！

名牌雖然價格高，但是品質有保障。

非名牌也有好品質啊，而且價格還超便宜！
支持國貨

嗯，我們要愛用國貨！

在百貨公司，同樣是運動風格的手錶，有的賣幾千元，有卻可以賣到數十萬元的高價。

而同樣是淑女造型的真皮皮包，有的開價千元上下，有的高檔名牌如LV、CHANEL、COACH、GUCCI……開價絕對萬元起跳，甚至愛馬仕的柏金包、凱莉包(Kelly Bag)貴到足以買下一輛車子的高昂價格，但還是有不少人趨之若鶩，縱使要排隊等待數年之久，也要將這些精品皮包買到手。

可見在這些購買奢侈品的顧客中，價格便宜與否並不見得是消費選擇的重點，甚至偏偏要選擇那些價格不斐的名牌高檔商品，這究竟是為什麼呢？

原因1. 身分品味的象徵：對於某些消費者而言，名牌商品就是一種身分象徵，在付出高額的代價購買了名牌商品之後，更能彰顯出消費者選擇高品質商品的品味、以及展現自我個性。

原因2. 品質的保證：購買精品名牌更能得到對於品質的相關保證，精品廠商辛苦多年建立得來不易的商譽，似乎就是品質的保證。精品名牌所使用的材質、別出心裁的設計、作工的精緻度……，無一不是讓金字塔頂端消費者誓死效忠名牌的理由。

此外，人們對品質的認識並不完全是從實際經驗所得來的，因此消費者在購買商品時，往往會以哪種商品的銷售最佳、哪種商品的知名度最高、或調查評比之中口碑最優的來做為購買決策時的考量。基於此種理由，名牌商品所帶來的品牌與口碑的保證，往往能帶給消費者十足的信賴感。

原因3. 邊際效益造成的高價：根據邊際效應價值理論，名牌皮包被消費的次數相對較低，其邊際效益也就變大，因此人們願為邊際效益高的名牌皮包付出昂貴的代價。現在我們就可以解釋為什麼名牌皮包，比普通皮包貴得多，但卻是愈貴愈有人買。

但有些消費者不清楚自己的消費心理，而落入了名牌迷思，認為品牌比功能和品質來得更為重要，譬如有些人總愛用一些繡著大大名牌 LOGO 的紙袋來提重物，很耀眼醒目，但卻不見得符合當下的需求，如此就本末倒置了。

58 為什麼要花天價請明星代言商品？

▼心理學關鍵字：「光環效應」

②
親愛的，你覺得我要減肥嗎？

③
那個明星很大牌的，效果一定很好吧！

④ 這種東西原來是不能吃的，你來看看，都上報了。

⑥
減肥還是要吃得健康，再加上運動啦！
+ 運動

廠商在為自家的重量級商品宣傳時，總喜歡找各界名人、知名的影星、歌星、體育明星來代言。

事實上，不管是找明星、還是一般人來做廣告，商品本身的品質都不會因此產生變化。

但縱使如此，廠商卻仍然不惜花鉅資聘請明星來為自己的產品代言，因為由明星拍廣告的商品確實能吸引大眾的目光，接受度也最高，讓商品的銷售量增加。

事實上這正是一種所謂的「光環效應」。「光環效應」最早是由美國著名心理學家愛德華・桑戴克提出的，他認為一個人的某種品質、或一個物品的某種特性，若一旦給人非常好的印象，那麼在這種印象的影響下，人們對這個人的其他相關看法、或這個物品的其他特性，也同樣會給予較高的評價。

◆**明星代言俘虜大眾心理**：也就是說，當一個人在大眾心目中有較好的形象時，他就會被一種積極的光環所籠罩，就好比當我們看到一個人長得很漂亮的時候，也就會覺得她一定也兼具聰明、善良等特質，其實這都是光環效應所產生的結果。

現實生活中這樣的例子比比皆是。譬如書籍經由知名人士所推薦；或是雜誌得到權威機構所提出的資料，總是會讓人不由自主地產生信賴感。光環效應可以增加人們對未知事物認識的可信度與說服力，達到加分的效果。

從品牌行銷的角度來看，花大錢找明星代言，能在最短時間內，迅速提高品牌的知名度。在名人的光環加持下，「注意力經濟」也就因此而產生了。人們因為關注明星，進而關心其代言的商品；也因為對明星的感覺良好，則認為其代言的商品也是值得信賴的，這樣就幫助廠商達到了商品宣傳和銷售的目的。

◆**明星代言隱藏的風險**：在明星代言的過程中，明星的形象代表了品牌形象，因此對於企業來說，用明星做代言人需要承擔明星自身的道德風險、人氣風險、甚至還包括健康的風險。另外，還要避免明星喧賓奪主，搶去了產品本身的風頭。若是消費者只記住了名人，卻根本想不起究竟代言了哪種品牌，那就失去請明星代言的效果了。

59 為何俗又有力的廣告反而爆紅？

▼心理學關鍵字：心理暗示

①

②

③

去買×××吧，
好像不錯的樣子。
哦？

④

⑤
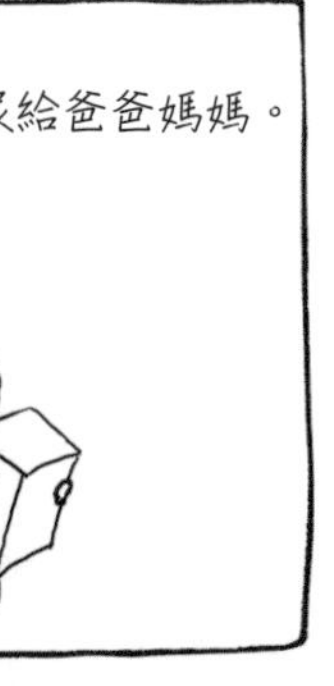

買回家給爸爸媽媽。

⑥

你不知道那是廣告效應嗎？只有你會上當。

過去曾有一支本土藥品廣告，由當紅的諧星做著誇張的動作、操著台灣國語戲謔地說著「吃這個也癢，吃那個也癢」，這樣的廣告曾在電視台鋪天蓋地的播出，廣告詞連小孩子都倒背如流、朗朗上口。

很多傳播評論家說這樣的廣告既沒創意、又沒品味，俗不可耐，甚至嚴重影響觀眾的視聽權益。

但奇怪的是，這支評價低劣的廣告，卻為廠商創造了銷售佳績，不但廣告紅了，銷售額也暴增數倍。令人不解的是，為什麼人們罵聲不斷，卻仍然買單呢？

◆心理暗示的魔力：心理學家認為，商品銷售好壞的關鍵不在於廣告內容的低俗程度，而是在於其是否能夠洞悉消費者的潛在需求，抓住消費者的心理。一支俗又有力的廣告之所以能夠熱賣，原因就在於掌握了消費者心理，充分運用了心理暗示的巨大魔力。

我們都知道一句俗語，「不管是黑貓、還是白貓，會捉老鼠的就是好貓」，而這樣的廣告正充分表現了這一點。以「寧願被罵，也不要被忘記」為原則，用最快、最有效率的方式來吸引大眾對商品的注意力。因為，只要產品得到了消費大眾的關注，就已經贏了一大半。

也就是說，雖然很不喜歡某個藥品廣告，但因這廣告俗又有力、讓人印象深刻、難以忘懷。所以當親朋好友或自己不舒服時，最先想起的就會是它。這就是這類廣告所達到的心理暗示、與讓人印象深刻的效果。

◆重建品牌形象不易：但要注意的是，與所有廣告一樣，俗又有力的廣告雖然帶來了一時的銷售奇蹟，但這項產品是否日後仍能長銷，應該是業者所要最關心的議題。

當俗又有力的廣告印象深植人心之後，若是日後再想重塑企業的良好形象，將會有既定觀念不易扭轉的問題。

因此，廣告應該有長遠意識，不能殺雞取卵。幾乎世界知名的品牌都是透過幾十年、甚至幾百年的文化積累所建立起來的印象，而缺乏文化底蘊的品牌可以說沒有生命力與質感，就像在沙漠上蓋樓一樣禁不起考驗。

60 網路商店不打烊，網購魅力無法擋！

▼心理學關鍵字：購物風險

① 現在很流行網上購物。

② 但是我有過一次教訓。

③ 網上購物體會不到
親自消費的樂趣。

④ 網絡購物風險大！

⑤ 現在科技發達，什麼訊息
都可以作假。也不可信！

⑥ 還是比較享受
自在購物的過程。

網路購物是一種新型態的商業模式，人們承認網路購物有著形式方便、獲取商品資訊快速、避免銷售人員盯場的壓力和節省交通時間等方面的優勢。

然而與傳統零售業相比，消費者對網路商店多數還只是小額消費，以免憑添不必要的風險。究竟在網路購物的魅力與風險之間應該如何拿捏比較妥當呢？

◆網路購物的魅力：

魅力1. 網購不受時間限制：網路購物相對於傳統實體店面的最大優勢就是血拚沒有任何的時間限制。傳統實體店面有每日營業時間，消費者也要搭車或花時間逛街，才能買到自己想要的物品。但是網路商店沒有這些限制，可以二十四小時對客戶開放，只要消費者打開電腦上網，就可以挑選到自己所需要的商品。

魅力2. 網購商品繁多、查找便利：網路上的商品沒有傳統實體店面的陳列空間不夠等問題。消費者只要透過網路中的搜索、分類功能，就可以輕鬆找到所需要的商品，不會受到商品種類、品牌或是價錢區隔的限制。

魅力3. 網購價格較低廉：由於網路店家只需要架設購物網站，沒有傳統實體店面的店租、人事、倉管等必要的支出成本，因此可以壓低售價，讓消費者買到相對便宜的價格。

◆網路購物的風險：

風險1. 缺乏傳統購物的心理樂趣：網路購物的交易方式相對單一，缺少身體多種感官知覺的檢視，也缺少翻動商品目錄的實際行為，更缺乏與店員互動瞭解商品的過程。

風險2. 網路購物的交易風險：網路購物與傳統實體店面不同，不是使用現金當場交易。除了透過與賣家進行商品面交的方式以外，絕大部分的網路購物都是以信用卡來支付購物金額，因此，也增加了這種購物模式的支付安全疑慮與風險。

風險3. 當心網購陷阱：不能否認的，會有居心叵測的有心人士利用購物網站來進行詐騙。詐騙的手法不一而足，令人防不勝防。因此，針對這種情況，消費者在網購時，務必要有培養自己成熟的購物心態和抵禦風險的能力，切記貪小便宜，才不易落入網購陷阱。

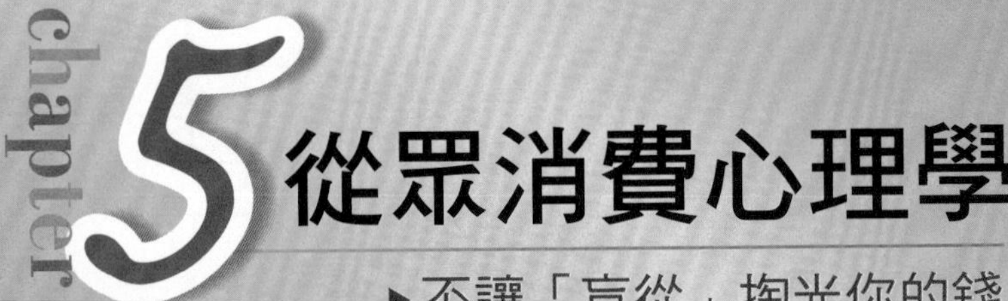

chapter 5 從眾消費心理學

▸不讓「盲從」掏光你的錢

61 消費者為何愛看有性暗示的廣告？

▼心理學關鍵字：性暗示廣告

①
老公，過來一下。

②
紋風不動……

③
你看什麼那麼入迷啊？

④

⑤
我也好喜歡這個
香水廣告啊！

⑥
是很浪漫的廣告呢，
下次我送你一瓶吧！

在這個消費資訊爆炸的時代，廣告幾乎無所不在。要如何在鋪天蓋地的眾家廣告之中，爭取到消費者的目光，就成了所有廣告人挖空心思要突破的重點。

心理學家發現，這之中有一種總是會抓住消費者目光的廣告形式，就是與「性暗示」相關的廣告。用性感和曖昧的語言刺激人們的荷爾蒙，以達到加強記憶的目的，在多如過江之鯽的廣告之中脫穎而出，形成商品賣點。

但要注意廣告絕對不能淪為情色、也不能一味的追求性暗示而引起社會大眾反感，反而降低了產品本身的質感，影響消費者對產品的認同。如果只想出奇制勝引起市場效果，最後損害了社會道德風氣，勢必要付出慘痛的代價。因此，一定要把握好分寸，注意廣告所要呈現出的品味與格調。

1. **在表現上掌握合宜：**國外此類廣告之所以能成功，除與整體大環境有關，主要是能將性暗示的分寸處理得當，在畫面上尋求一種美感，而不是一種低俗的表現。最重要的是要能將廣告中呈現的商品形象與品牌的個性進行結合，才能真正傳達出品牌的魅力。

2. **性的元素與產品要有相關度：**並非任何產品都適合透過這種方式來呈現，廣告中的性元素必須與產品特徵構成完美聯結。如內衣、香水等產品與性感資訊直接或間接聯繫，可以借助性暗示的創意，達到滿意的效果。

譬如有一個知名品牌的香水，曾請來國際知名的巨星拍攝廣告。在一間金碧輝煌的屋子裡，這位金髮碧眼的美女一邊走、一邊一件件將自己身上的羅衫褪去，最後說：「我只穿○○香水」！這一支精緻高貴的廣告，雖然透露出淡淡的性暗示，但完全結合了香水的特色與個人獨特的品味與個性，加上由國際級的知名影星代言，說服力達到百分之百，是一支極為成功的「性暗示」廣告。有異曲同工之妙的是瑪莉連夢露代言CHANEL NO.5香水時，說得最經典的一句台詞「I wear nothing but CHANEL No.5」。這樣的呈現方式，果然歷久不衰，成功地吸引消費者為這份雋永的浪漫掏出大把銀子。

3. **要考量不同族群的心理接受度：**對於少年兒童的廣告，由於該族群的分辨能力尚弱，因此「性感」這樣的訴求可能對他們產生不好的影響，因此不適合使用性暗示廣告。

62 為什麼黏扣帶的鞋子只有小孩愛穿？

▼心理學關鍵字：從眾心理（1）

①
SHOE shop
今天去買鞋子。

②
這兩雙不錯。

③
但是這種黏扣帶太像小孩子穿的。

④
還是買淑女一點的吧！

⑤
回家給哈尼看。

⑥
老公，你看我的鞋子好看嗎？
嗯……

繫鞋帶是一件很麻煩的事情，很多人小時候都不得不在父母親的協助下費力地學習。

而自從黏扣帶的鞋子發明以後，就為人們穿鞋帶來了很大的便利。這不僅比原來的繫帶鞋子穿起來簡單、省事、快速，而且還避免了鞋帶容易鬆開的困擾、和可能把人絆倒的尷尬。

甚至有人曾經說，黏扣帶的鞋子很

快就會取代繫帶的鞋子，並把鞋帶趕出市場。

但是事實上，至今，人們還在使用著鞋帶，而黏扣帶的鞋子依然只佔據著很小的市場，這是為什麼呢？人們難道不喜歡這種更加方便、省事的鞋子嗎？

其實這反映的是消費者的一種「從眾心態」。心理學家認為，人們對於自己的直覺、感受、判斷與行為表現應該都有自我評價的能力。但當個體從事某項活動時，若沒有客觀的權威性標準可供參考，往往會以他人的意見或行為當作自身行動的參考依據，這就是「從眾心態」。

社會觀念是由多數人的共同信念和思想所構成的，人們總是傾向於把大多數人認為正確的事當作行為判斷的準則。當個人的想法、做法和所處社會的其他人相同時，就會產生「跟著大家做，這樣就沒有錯了」的安全感。

在過去，由於黏扣帶鞋子的便利性，因此被廣泛應用於兒童、老年人以及身心障礙等族群身上。因為兒童的手指肌肉還未發育完全，靈活度不夠，因此不太會繫鞋帶。而穿黏扣帶的鞋子十分方便，不但讓這些族群學習上較不易受挫折，也方便家長協助孩子練習穿鞋；老年人也是一樣的，由於老化造成的行動不便、彎腰困難，手指靈活度也大不如前，因此使用黏扣帶的鞋子會更容易一些。結果，這樣所產生的一種無形的影響，就是讓人們認為只有殘弱的、能力相對較差的人才會去穿黏扣帶的鞋子。

另外，也由於黏扣帶鞋子的便利性，所以在鞋子的外觀設計上，也會傾向採用比較簡樸的設計，這也讓消費者在產品外觀上少了一些選擇的空間。如此，可能也會流失掉一些喜歡多樣化造型、時尚鞋款的消費族群。

63 該砸多少錢在孩子教育費上？

▼心理學關鍵字：從眾心理（2）

我要讓寶貝得到最好的教育。

學畫畫……

學鋼琴……

我家寶貝真是太棒了！

不能這樣盲從，要觀察孩子真正的愛好才對。

隨著社會不斷地發展，教育消費已經成為家庭消費結構中一個重要的部分。

根據調查顯示，目前家庭中的教育支出主要包括學費、安親托育、各項才藝費用……，教育消費正在逐年上升當中。當然，家庭整體收入對於教育費用支出的金額也有很大影響。

教育消費不同於其他物質消費，關鍵在於它不僅能為家庭帶來預期的滿足，而且具有潛在不可估量的利益回報。正因為教育消費懷著巨大的可期待性，所以教育消費心理和行為是複雜多變的，有時甚至出現非理性的傾向。因此，引導父母擁有正確的教育消費觀念是很重要的。

1. **建立不盲從的教育消費行為**：許多家長願意砸下大筆的教育費用投資在孩子身上。家長們彼此間也會不斷地詢問和比較，該送孩子學什麼才藝？要送孩子到哪一家安親班才好？該送孩子上哪一家美語補習班才最能達到最佳的學習效果？迫切的期望孩子能學得愈多愈好，有些家庭每月的教育支出甚至高達萬元以上。但切記，千萬不要因為人云亦云的「從眾心理」而拚命追隨，要視自己孩子的學習狀況、興趣、與能力來做選擇，才不會花了大錢，還得不到該有的效果。

2. **理性的分配教育消費**：在家庭的各項消費支出中，教育消費該占有多少的比例，消費者應有明確的分配。由於生活水準不斷提升，消費結構也一直在轉變，文化娛樂、教育消費明顯增長。周末假日帶孩子看兒童劇團、音樂會等各項藝文活動、參觀包括藝術大師的主題畫展、兒童書展、恐龍動物展、歷史文物如兵馬俑……各種主題特展，以及參觀美術館、教育館、科博館……等各項藝文教育的費用不斷增加。最好能在每個月初先預做規劃，合理分配每月的教育文化性消費支出，才不致壓縮到其他必要性的消費支出。

3. **轉變「惟有讀書高」的教育觀念**：根據一項調查結果顯示，目前大學生對於學業的追求、對未來的期許、對生活的自信心，以及生活處理的能力都較過去明顯不足。因此，惟有轉變教育觀念，才有可能從目前的成績取向，轉為培養德智體群美並重的全面性發展，這樣才是最重要的。

64 為何看到大排長龍，就會產生購物衝動？

▼心理學關鍵字：從眾心理（3）

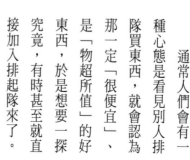

排這麼長的隊，肯定有好東西。
①

我也來排排看。
②

親愛的，
你怎麼來了？
③

我剛從公共廁所出來，
好多人排隊啊！
WC
④

啊……
原來是排隊去廁所呀！
⑤

你啊，你啊，
下次不要再這麼盲從啦！
⑥

通常人們會有一種心態是看見別人排隊買東西，就會認為那一定「很便宜」、是「物超所值」的好東西，於是想要一探究竟，有時甚至就直接加入排起隊來了。

或是一看到人人都誇讚某件商品很棒，聊到採購的機會千載難逢，往往就會趕快掏出荷包，生怕錯過購買的機會。

究竟人為什麼總禁不起排隊與別人掛

保證的誘惑呢？事實上，這都是「從眾效應」在發揮著作用。

曾經有過這樣一則笑話：「有一個人在街上閒逛，忽然看見路口排了一條長長的隊伍，心裡想：這一定是在賣什麼好東西呢！於是趕緊站到隊伍後面排隊，唯恐錯過購買什麼新奇商品的機會。等到隊伍轉過牆角，才發現原來大家是在排隊上廁所，不禁啞然失笑，趕緊悄然退出隊伍。」可見「從眾心理」是人人都易犯的通病。雖然大家都希望自己能擁有獨一無二的獨特性，但很多時候，還是難免隨波逐流。心理學家分析，在兩種情況下最容易導致「從眾行為」：

情形1. 想被群體接納或避免遭到拒絕：當我們在群體中時，會表現出較高程度的從眾行為，這又稱為「規範影響」，認為大部分人所認定的就是正確的。「人數多」本身就是具說服力的一個明證，很少有人能在眾口一詞的情況下，還堅持主張自己的不同意見。

情形2. 資訊不夠充足之時：每個人不可能對任何事情都瞭解得一清二楚，對於那些自己不太瞭解，又沒有把握的事情，我們一般都會採取「聽別人怎麼說」的安全做法，認為別人既然會這麼說、或是這麼做，一定是經驗值比自己來得高所致，這又稱為「資訊影響」。

排隊消費已經成為消費者的一個情結，「好多人都在說○○餐廳不錯，天天都在排隊」，這句話聽起來就比「○○餐廳有打折」更具說服力，更讓人難以抗拒。

當然，顧客排隊有時不一定是有形的，有時是心理上的無形隊伍。譬如推銷員說：「小姐，這是今年最流行的皮包款式，和您年齡相仿的人都很喜歡，好多人都搶著要買」；或是說「這款吸塵器很暢銷，是我們店裡賣得最好的機種，您看這些都是使用者的訂購單……」，這就是利用了顧客的從眾心理，在顧客心裡先排起了一條長長的隊伍，從而增加了消費者的購買欲望。

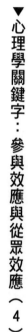

65 試用，讓買賣更容易成交

▼心理學關鍵字：參與效應與從眾效應（4）

①
大排長龍……

②
前面怎麼那麼多人？

③
歡迎大家免費品嘗。

④
搶呀！
⑤
真好吃。

⑥
給我二份這個甜點。

我們經常看到賣衣服的店員總是努力地鼓勵顧客試穿；賣水果的人總是熱情地請顧客先品嘗再購買；糕點店老闆也常把各種糕點切成小塊請來往路人免費試吃；賣化妝品的小姐積極推銷客人試用各種產品，甚至花大錢作廣告，請消費者來領取試用品……，他們究竟為何這樣做？這樣做能帶給店家什麼好處呢？

從心理學角度來講，這就是店家靈活地運用了「從眾效應」，讓顧客參與其中，進而再影響他們購買產品。因為消費者在購買商品的時候，總會參考一些宣傳廣告或是從別人口中所得到的資訊，但光靠這些是不夠的，購買商品還要懷著「試試看才知道」的心態來對待。

當一個人原本不具有消費規劃，並不打算買任何東西，但卻遇上店員的熱情邀請試吃或試用，剛開始會基於好奇心或拗不過人情攻勢而嘗試看看，如此剛好給了店員介紹新產品的機會，大大提高了消費的可能性。

特別是大部分的商品都要使用過之後才知道，不管廣告說得多麼天花亂墜，消費者在使用之前，其品質和功能到底如何，是很難光憑外觀立刻做出判斷的。

店家為了消除顧客的疑慮，讓消費者安心購買，所以常會主動提供免費試用品來讓消費者體驗，再引導其參與到購買過程中，這樣顧客便有機會接收到賣方的意見，這也是心理學所說的「參與效應」。

心理學家指出，從眾效應是一種追隨別人行為的常見心理效應，如果在這種心理基礎上，能夠充分地影響人們參與其中，使其感到自己是該事件或者該觀點中的參與者，那麼人們會表現得更加積極。就影響力的角度而言，則是想要向他人施加影響的主動者（如店家），如果能影響人們參與到他所期望的事情當中，那麼在參與的過程裡，對方就會不知不覺地受到主動者的影響，進而朝向其所設想的方向發展。

卡內基說：「凡事自己一個人埋頭苦幹，是當不了傑出領袖的。」這句話同樣也可以運用在消費活動中，透過讓顧客試穿、試吃、試看……等做法鼓勵消費者參與，將消費者從被動轉化為主動，潛移默化的受到店家影響，最終目的就是讓其心甘情願地掏錢購買產品。

66 為何不多開放收銀台，解決排隊問題？

▼心理學關鍵字：排隊情結

我們有時會看到一種情況，某些商店寧可讓顧客在收銀台前大排長龍，也不願意多設置或開放一、兩個收銀台來解決排隊的問題。

這種店家不但不擔心消費者因為沒有耐心排隊等待，而轉頭離開不買；反而讓這種情況不斷上演，這究竟是為什麼呢？

從經濟學的角度來看，商家把收銀台前的隊伍看成是一個經濟問題，也看成是行銷上最有效的手法之一。

1. 從經濟成本上來看：要縮短收銀台前顧客排隊的長度，店家必須得設置更多的收銀台，並要延長店員的收銀時間，這樣勢必會帶來營業成本增加的問題。因為店家必須要為收銀台所要占用更大的使用面積，而擴大營業空間，如此一來就增加了店租的成本。另外，還必須增加添購新收銀機的設備成本；最後還要增加聘僱更多收銀員與延長工時的人事成本。為了要解決排隊問題，必須先付出如此昂貴的代價，因此會讓店家考慮再三。

2. 從行銷手法上來看：而從消費心理學的角度看，對於商家來說，排隊具有不可替代的行銷價值。譬如去餐廳用餐消費，當你發現門口大排長龍時，就會心生：「這家餐廳的生意真好，一定非常好吃！」等於是為店家做了最好的免費宣傳。有一些餐廳為了達到這樣的目的，刻意將點餐收銀台的空間設置得很狹小，譬如知名的連鎖**PIZZA**店，就讓人留下這間店總是大排長龍的深刻印象。

當你到超市購物，若你買的東西不多，卻要花很久的時間排隊，消費者會覺得只為這點東西排這麼久的隊，真是不划算。因此會認為不如再多買一點東西，這樣排隊的單位時間成本就會降低。所以對於超市來說，適當地減少結帳通道，等於是鼓勵消費者大量購買。

根據心理學研究顯示，人們在排隊時會感到時間流逝的速度減慢，因此排隊過久會讓人感到不耐。於是商家為了一方面滿足消費者的「排隊情結」，一方面又要能留住顧客，於是想出了一些令人印象深刻的點子。譬如給排隊等待的客人奉茶或是送上一杯飲料，就能讓顧客感受到店家的貼心，也紓解了不耐煩的感覺。

chapter 6

廉價消費心理學

▸「省錢」和「花錢」只有一線之隔

67 搶購折價品真的比較省錢嗎？

▼心理學關鍵字：「折扣效應」

①
新品本季
好漂亮的涼鞋啊！

②
等到換季打折的時候再來。
換季打折

③
等啊等……

④
哈哈～我終於讓我等到了！
SALE

⑤
終於用最便宜的價格買到囉！

⑥
你現在買回來也穿不了啦，現在是冬天，過季了。

人們都喜歡買打折的商品，這是再普遍不過的現象。

面對商家的「下殺五折」和「買一送一」「買千送百」……的流血促銷折扣，消費者總是怦然心動，難以抵擋誘惑，很容易失去平常的理性。不管自己是不是真正需要，只要看到便宜就忍不住搶購，最後不但沒省到錢，反而增加一些不必要的支出。究竟為什麼人們

都愛購買打折的商品呢？買打折商品真的比較便宜嗎？

曾有心理學家對「買折價品的理由」做過調查，消費者的回答的理由大致如下：「一種終於可以擁有它的快感」；「便宜、划算！很多衣服和鞋子，打完折後的價錢，才是最符合其價值的時候」；「大家都搶著買，也激起了自己的購物欲望」；「若與朋友一起去逛街，朋友會以為你連打折品都買不起呢！」如此看來，人們在買打折商品的心態，不僅是為了便宜和經濟實惠，有時是為了滿足一種心理上的感覺。

買同樣一件物品時，我們當然希望能用愈便宜的價錢買到愈好。這也是人們為什麼總是喜歡買打折商品的主要理由了。譬如一條裙子定價為六百元，你想買又覺得有點貴，所以你就「忍痛」沒有買。但商家為達到薄利多銷的效果，突然打了五折，你就立刻欣喜若狂地只用一半的價錢，二話不說把它給買回來了。這不僅給商家帶來了銷售利益，同時，也滿足了消費者想要得到合理價格的購物欲望。

但事實上，除了一些業者或商家真的是因面臨拆遷、轉讓、急於求現等因素，而被迫降價出清之外，其他的商家大多只是以打折為名義來招攬顧客的。因此，商店的打折也是有底價的，商家只是降低了在單件商品上的利潤，來吸引顧客上門，以達到「薄利多銷」的效果；只要商品的銷售量增加了，打折程度又很合理、不會侵蝕到獲利，那麼商家還是可以在打折的情況下，獲得比原來更多的營收。

所以，面對打折的誘惑，一定要時時刻刻保持頭腦的清醒，貨比三家的同時，想清楚哪些是自己需要的，哪些是暫時不需要、或根本就是不需要的。消費者如果能夠識破哪些折扣是商家所設的陷阱，哪些折扣商品是真正物超所值，吃虧的機率就會大大降低，才能做到理性消費，從折扣活動中得到真正的優惠。

68 你常常省小錢，花大錢嗎？

▼心理學關鍵字：意外消費

不知從何時起，在消費時常常會由於不同的訂購方式，而出現支出金額也會有所不同的情形。譬如說很多的雜誌在銷售時會出示每本單價、或是整年訂購價兩種價格。這是因為兩種不同的表達方式會帶給我們兩種不同的消費心態。

例如一年花三千六百五十元與一天花十元雖是同一個意思，但若在整筆訂購並未有折扣的情況下，帶給人的感覺就有所不同。通常來說，在購買心態受到單本訂購價的小額刺激以後，我們就會將這筆錢看成是微不足道的小錢，就會把它當作「小財」對待。那麼這筆錢就很難逃脫被輕易消費的命運了。為什麼會出現這種心態呢？

事實上，採用相同促銷手法的還有保險廣告，這些廣告中經常會出現「一天只要五元，就能讓你老了有保障」等廣告詞。因為保險公司知道，當人們第一眼看到健康保險的總額，勢必會覺得這是「一大筆錢」，因此產生很大的負擔與壓力；但如果把價格以「日」為單位來顯示的話，人們就會認為這只是一點點「小錢」而已。

心理學家曾做過這樣一個實驗，讓人們真實感受到這種「小錢心態」的影響力。在實驗中，研究人員將參與者分成兩組，並詢問參與者：「假設現在要為某愛心機構進行募款，你願意一次捐一年嗎？」然後告知參與實驗的人有兩種捐款方式：第一種是一年捐款三百六十五元；第二種是每日捐款一元。那麼，究竟哪種條件下的捐款者會較多呢？

結果顯示，在「年總額」的心態條件下，只有三〇％的人願意捐款；而在「日付額」的心態條件下，則有五十二%的人表達樂於捐款的意願。其實這和參與者有無愛心沒有太大關係，關鍵在於他們的小財心態被激發了出來，而不加思索的同意去做好事而已。

因此，那些銷售員總想盡一切辦法去激起消費者的小錢心態。包括誘導消費者使用信用卡分期付款來達到銷售目的。面對這種現象，若想成為一個聰明的消費者，我們必須具備將「小錢心態」轉換為「總額心態」才不致落入消費迷思。

消費心理測驗

從你最滿意自己身體的部位，測出你的消費觀

在路邊突然撿到一千元，你想去買一件目前很需要的大衣，但是錢不夠；如果去買一雙現在不急著穿的運動鞋，則又還會剩下數百元，你會怎麼做？

A. 自己再花點錢把大衣買回來
B. 還是買運動鞋和其他小東西
C. 什麼都不買，先把錢存起來

★答案解析：

選擇A－買了之後就不後悔：雖然在消費選擇時會猶豫徘徊，但總在緊要關頭做出最佳的決定。你最大的特色是做了決定就不會再反悔，這是因為除了事前已經考慮再三之外，因為你好面子，錯了不願承認也是一大原因。

選擇B－拿不定消費主見的人：你是個做事沒有主見，處處要求別人給你意見的人。因為個性上有些自卑、不能肯定自己，因此你很少自己做判斷，對自己的消費決定沒信心。

選擇C－消費判斷不易受影響：你的判斷力和主見超強，但有時難免有點過於堅持和要求完美。這正是因為你知道自己的弱點，擔心自己會後悔倉促的決定，反而傾向暫時不去處理，等到以後再說。

69 「討價還價」真的讓你不吃虧嗎？

▼心理學關鍵字：「消費者剩餘」「沖抵效應」

偶爾也來海邊
吹吹風。

海邊總是有很漂亮的貝殼！

老闆，這個貝殼多少錢？
50元。

最少45元。
便宜點啦～～

好吧…
40元賣給我把！

賺到了，
真開心！

從一定的意義上來講，購物是一場業者與消費者「鬥智」的心理戰。

有交易的地方，就會聽到討價還價的聲音，尤其是在傳統的消費市場，買賣雙方總是不顧口乾舌燥，堅持要討價還價，這就究竟是為什麼呢？

心理學家分析，「討價還價」主要的行為動機有兩點：

動機1. 為了獲取更多的「消費者剩餘」價值：在一個競爭性的市場上，消費者根據以往的購買經驗形成參考價格，因此商家所報出的統一價格往往具有其合理性，這一價格也是消費者可以接受的。但許多顧客仍熱衷於討價還價，無非是出於對「消費者剩餘」的追求。

「消費者剩餘」的理論是由經濟學家馬歇爾（Alfred Marshall）所以提出的，即消費者為取得一項商品所願意支付的價格，與他取得該商品實際支付的價格之間的差額。

動機2. 討價還價的「沖抵效應」：「沖抵效應」這是消費者討價還價最主要的動力。「買的永遠沒有賣的精」，相對於賣者而言，消費者處於資訊不完全的狀態。譬如在傳統市場買魚為例，消費者只能透過外觀瞭解魚的品質，且只能比照以往的價格。而實際上外表相同的魚可能來自不同產地，有不同進貨管道、以及不同進價或產量。

另外，不排除以次充好、短斤缺兩等現象，這就使消費者感到隨時可能「挨宰」，消費權益受到損害。但要搜尋資訊的成本太高，而且也不具備操作性。因此，對於消費者來說，殺價無疑是最直接、有效的辦法。

從經濟學的角度看，任何商業行為都是以「利潤」為最大的目標，倘若不涉及商品欺詐的問題、也不涉及職業道德，在法律允許範圍內的價格空間，就可說是市場經濟的一般規則，也是市場的基本機制。

消費者作為交易中的買方，總是希望「用最少的錢，達到最大的消費目的」，實現自身利益的最大化，自然就會有著足夠的動力進行討價還價。

70 如何在「討價還價」中贏得勝利？

▼心理學關鍵字：物美價廉

①
全館50元
全館50元，
歡迎選購。

②
全館50元
趕緊去！

③
老闆，這條項鍊
便宜點賣給我吧！

④
殺價是我的專長。

想要買到物美價廉的商品的確是一般人基本的消費心理。消費者在選好自己喜歡的物品之後，還要懂得業者的銷售心理，這樣才能買到最物超所值的商品。

想要打贏這場討價還價的心理戰，必須掌握以下幾點：

戰術1. 判斷所購物品的迫切程度：厲害的售貨員會觀察顧客的神情動作，並根據顧客對商品表現出來的喜愛程度來決定價格的彈性幅度。顧客愈迫切、愈需要，售貨員就愈不會輕易降下商品價格。

◆對策：看到中意的商品不可喜形於色：當發現喜歡的商品，並產生購買欲時，要先把發現好東西的喜悅藏在心裡，不要直奔自己中意的商品而去。臉上要先不露聲色，可以從相似的商品下手打聽售價。在大致談定價格以後，可以透過檢查商品的品質，盡可能找到不滿意的地方，讓售貨員覺得你不見得特別喜歡，而主動降低商品價格。

戰術 2. 判斷客戶的經濟條件：售貨員會觀察客戶的穿著舉止和談吐，來判斷顧客的經濟實力，再根據情況出價和降價。一般說來，穿著打扮時髦的人，看起來經濟能力較佳，售貨員就不會輕易降低價格。

◆對策：不要把自己的真實身份和想法全都暴露給對方：有時儘管自己很喜歡一樣東西，但最好先表現得滿不在乎；或對於想買的商品，如果對方一時不降價，不妨先假裝不買，此時售貨員為了急著讓你回心轉意，很容易就降價求售。

戰術 3. 判斷客戶是否有購物經驗：售貨員會觀察客戶的言談，來判斷顧客的購物經驗，再視狀況介紹適合的產品價位與類型。一般說來，愈有購物經驗的消費者，售貨員就愈不容易漫天開價。

◆對策：貨比三家，不吃虧：購物前可預先收集一些產品相關資訊與行情，最好貨比三家，詢問售貨員一些相關問題，讓對方認為你可能是購買經驗十分豐富的行家，這樣通常店家就不敢哄抬價格，而能買到價位合理的商品。

戰術 4. 商家有擴大客源的預期心理：任何商家都希望有更多的人來購物，所以，商家一般願意與客戶建立良好關係，以鞏顧老主顧或拓展新的客源。

◆對策：購物時不妨套交情和推薦新客源：有時如果有機會和銷售員或老闆套交情，拉近彼此的心理距離，有時會產生意想不到的降價效果。任何一個商家，都需要更多的客戶，有經驗的消費者往往會抓住這種心理，表示會推薦新客戶前來購買，而讓銷售員大方降價。

71 為何尾數「九」的商品讓人感到便宜？

▼心理學關鍵字：「尾數定價策略」

我們常常見到在減價促銷的活動中，舊價格被寫在新價格旁邊並被劃去。通常，劃去的原價是個整數，而新的價格是以「九」結尾的。

這個小細節往往讓你覺得兩個價格之間有很大的差距，所以你會認為此時買下是再划算不過的了。真的是這樣比較便宜嗎？其實這就是行銷策略中的「尾數定價策略」。

策略1. 標價結尾的種類與「心理定價策略」：人們在進行消費之時，是希望自己獲得滿足感，也就是經濟學中所說的「效用」。只有當消費者覺得自己能從購買行為中，獲得的價值與商品的實際價值差不多時，才會願意掏錢購買商品。

以九結尾的價格，會讓消費者對減價的感知更為強烈。我們以一件一二〇元的商品為例，當價錢分別降至九十九元和一百元時，消費者會更強烈感受到前者的打折幅度。然而客觀來說，實際上的區別是微不足道的。商家針對消費者的這種求廉心理，在商品定價時會有意定一個與整數有一定差額的價格。這即是一種具有強烈刺激作用的「心理定價策略」。

心理學家的研究證明，價格尾數的微小差別，能夠明顯影響消費者的購買行為。一件商品標價二十元，或是標價三十元，給人的心理感覺是完全不同的。一件商品售價二十九元和售價三十一元，雖然只差兩元，但顧客在心理上就會覺得相差甚遠。二十元是二十多元，二十九元也是二十多元，而三十一元就成三十元多了，明明只比二十九元多了兩元，但給人的感覺兩者之間似乎有十元的差價。因此，很多消費者會更傾向選擇於尾數是九的售價，而不是十。

策略2.「尾數定價策略」：「尾數定價策略」會給消費者一種經過精確計算的、最低價格的心理錯覺；有時也會給消費者一種是原價打了折扣，商品較便宜的感覺；尾數定價策略還給人一種定價精確、值得信賴的感覺。同時，顧客在等候找零錢的時間，也可能會選購其他商品。

尾數定價法常以奇數為尾數，如九十九元……等，這主要是因為消費者容易產生一種「價格向下」、價格低廉的概念。一般認為，一百元以下的商品，末位數為九最受歡迎；一百元以上的商品末位數為九五效果最佳；千元以上的商品，末位數為九八、九九最為暢銷。這是因為由於八與「發」諧音，所以在定價中八的採用率也頗高。

72 「免費續杯」上門的客人為何比較多？

▼心理學關鍵字：免費行銷

①
去右邊那家吧，
還可以免費續杯。

②

③
這裡東西好貴啊！

④
算了，既然來了就在這吃吧！

⑤
服務生，麻煩續杯。

⑥
啊……
太貴了！
您一共消費
800元。

當你走在街上，正為晚飯吃什麼而發愁時，這時有兩家餐廳同時映入眼簾。

這兩家餐廳從外表看來不相上下，唯一不同的是A餐廳的門口豎立一個招牌，上面寫著：「本店飲料免費續杯」；而B餐廳門前什麼招牌也沒有。

那麼這時你會選擇哪家餐廳呢？毫無疑問的，你一定會走進提供免費續杯的A

餐廳。但消費者有沒有想過它為什麼會提供這種服務？它提供這種服務的目的是單純為消費者著想嗎？額外提供飲料也是一筆支出，餐廳吃得消嗎？

1. 用「免費行銷」爭取到更多客源：商家追求的永遠是利潤最大化，所以要提供「免費的午餐」一定是為了從其他方面獲取更大的利潤。餐廳採取這種續杯服務，首先是出於競爭的需要，是在市場競爭日益激烈的情況下所做出的一種「搶客策略」，甚至可將這種提供免費商品或服務的方式當作「免費」行銷的工具。

2. 用「物超所值」的心理吸引客人：消費者總是難以抵擋「免費」的誘惑。試想當別家餐廳都沒有這種服務的時候，其中一家餐廳率先採用這種做法，必然會吸引更多顧客到來。因為有提供免費續杯的服務，顧客在就餐的過程中確實獲得了實在的利益。消費者免費就可以享受到以前花錢才可以買到的續杯服務，顧客必然會覺得物超所值，而不斷上門。這樣的話，雖然免費續杯會增加一定的成本，但與由此而得到的收益相比，則還是有利可圖了。

3. 平均成本下降，餐廳利潤上升：隨著用餐顧客人數的逐漸增長，餐廳為顧客提供服務的平均成本就會下降，餐館為顧客做的每一頓膳食所收取的費用都會遠遠高於這頓飯的邊際成本。在經濟學中，邊際成本就是在任何銷售量的水準上所增加的，就像每銷售一份餐點所需要增加的員工工資、食材和燃料等變動成本。所以，只要能吸引到額外的顧客，餐館的利潤就會有所增加。

4. 點飲料的消費人數增加：餐廳裡的紅茶、柳橙汁等飲料會比外面的售價高很多，而顧客為了想要享受續杯服務，而點了飲料，那餐廳肯定是穩賺的。因為顧客若想要喝夠本，得要續杯好幾次，但很少有顧客可以喝得下那麼多。無論如何，商家永遠是最大的贏家。

73 最划算的價格，卻不一定最合用

▼心理學關鍵字：「交易效用」

該買件新棉被了。

②
普通双人被
豪华双人被
超大号双人被
400元/件
這個很划得來啊！
這個最划算了。
原价450元/件
再看看別的去。

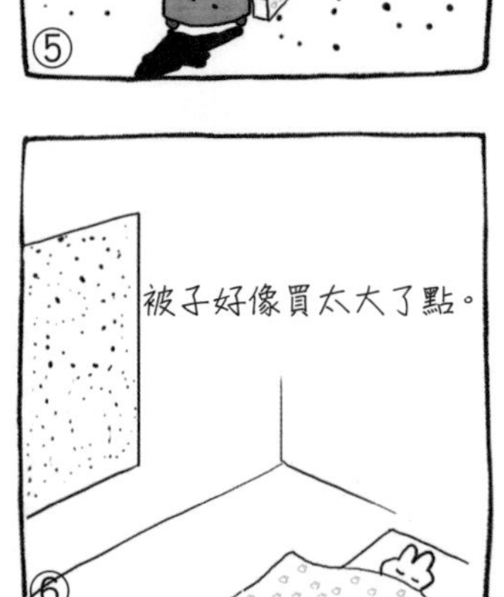

被子好像買太大了點。

當冬天即將來臨，你打算買一組新寢具。到了大賣場你發現有三種款式可供選擇：普通雙人被、豪華雙人被和超大號豪華被。

而你也意外發現今天寢具在做促銷特賣，所有款式的寢具售價一律為一千元。這三種款式的寢具原價分別為一千二百元、一千三百元和一千六百元。面臨這樣的選擇，你會買哪種寢具呢？

在這項調查中，多數人的選擇都是買下超大號豪華被。人們的普遍心理是：既然價錢一樣，何不買原價最貴的呢？這樣就能「賺」得最多。但事實上卻是人們發現每天早上醒來，超大號被子都會垂掉一半到地上，因此不得不經常換洗被套。那麼消費者為什麼會選擇其實並不適用的被子呢？

其實這就是原始價格對消費者購買決策的干擾。理性地說，我們在決定是否購買一樣東西時，衡量的是該物品為我們帶來的效用和其價格哪個影響來得大，也就是通常所說的「性能價格比」，然後看是不是值得購買。

從實用性來講，三種寢具之中，帶來滿足程度最高的應該是豪華雙人被，而且兩者之間的價格也沒有什麼區別，當然理應購買豪華雙人被。可是當我們做購買決策時，消費者的心理帳戶還在盤算交易所帶來的效用。所謂「交易效用」，就是商品的參考價格和商品的實際價格之間差額的效用。**也就是說，就是「合算交易偏見」。這種合算的交易偏見常常導致人們做出欠缺理性的購買決策。**

在我們的日常生活中，很多消費決策都受到一些無關的參考值所影響。就像是購買寢具的例子，消費者總不可避免地會去拿現在的價格與原來的價格相比，並從它們之間的差額得到滿足，即獲得「交易效用」，然後選擇那個比原價便宜最多的、看起來最划算的物品，甚至為自己贏得到一項划算的交易而沾沾自喜。

但事實上，寢具的原價是不該影響購買決策的，因為對消費者而言，寢具的效用應該與原價多寡無關，需要關心的只是物品本身可以帶來的實際效用和它現在的價格。因此，消費者在購物前，還是應該要仔細考量清楚，自己真正的需求是什麼，才不致於花了錢之後，才發現價格雖然划算，但實際上卻並不見得合用。

74 「免費贈品」為何總是讓你花費更多？

▼心理學關鍵字：懼怕心理

購物滿100元
送大豆油一瓶

這個面膜真不錯。

那邊是什麼？

④
買一送一，太划算了。
买一赠一
30.00

⑤
湊個100元就能送一瓶油了。

⑥
每次購物都滿載而歸。

當你從商場或超市回到家裡，清點購物明細時，常會發現買了許多其實並不需要的東西，為什麼總是會發生這種情況，使得我們喪失了購物的理智呢？

1. 免費贈送帶來的誘惑：「買冷氣機免費贈送電風扇。」「購物滿五百元，免費贈送醬油一瓶……」看到這樣的促銷廣告，人們往往會心中一喜，為了得到免費贈品，而去購買指定商品，甚至不惜花時間、排隊去瘋狂搶購，其實事後想想，這些東西其實自己不一定需要，這就是免費贈送所造成的誘惑。

嘉佳去逛大賣場，恰巧家電專櫃正在辦促銷活動。有一項優惠活動是「買液晶電視，免費贈送最新款DVD機」。看到免費的DVD機，嘉佳十分開心，因為這正是自己一直想要添購的產品，現在免費贈送真是機不可失，於是就馬上就決定買下。當把電視和DVD都搬回家時，嘉佳才突然醒悟過來，其實自己並不是那麼需要電視機，家裡的電視機其實也才買沒幾年，雖然褪了流行，但也還不到要換掉的程度。為了想要擁有DVD，反而多買了一台電視機，想想真是不值得，其實根本沒有賺到。

2. **人類本能地懼怕損失**：免費的真正誘惑力正是與這種懼怕心理聯結在一起的。我們選擇某一免費的物品，並不會造成什麼顯而易見的損失。但假如我們選擇的物品不是免費的，那就會有風險。於是，如果讓我們選擇，我們就盡量朝免費或有贈品的方向去購物。

3. **當購買變成限制**：而當你擁有特權或是被限制的時候，若是放著不用或不去爭取搶購，就會覺得自己吃虧了。這是人們的普遍心理。譬如超市囤積了一批白米，若是再賣不掉，可能就要壞掉了，於是超市想出了個絕妙的方法：「本超市剛進一批白米，數量有限，每人限量供應兩斤，如要購買需攜帶本人身分證排隊購買。非本區居民不得購買。」此銷售公告一貼出，本來沒有想要買白米的，也都紛紛去排隊，很快地，白米一下子全都賣完了。

這是因為銷售告示將買白米變成了一種限制。這時，絕大多數人都分辨不出這限制是被憑空「製造」出來的。很少有人會「見了便宜還不揀」，所以，搶購回一堆我們並不需要的東西也就不足為奇了。

75 你浪費錢的機率有多高？

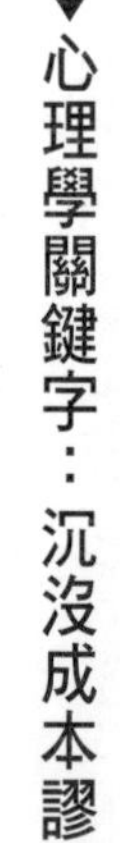
▼心理學關鍵字：沉沒成本謬誤

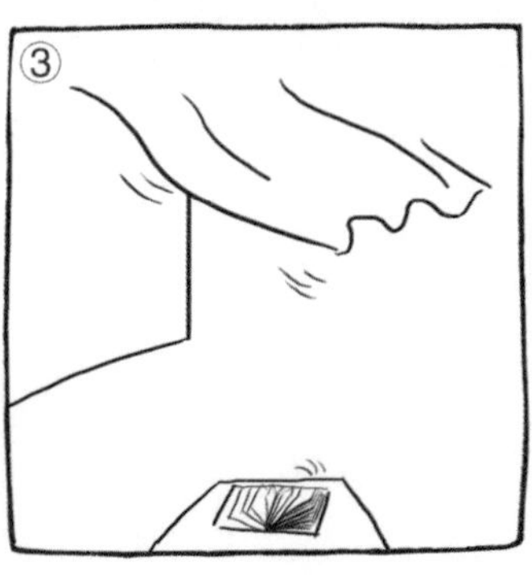

④
哈尼，下雨了。

假設你很喜歡聽音樂會，公司在年終時，發給員工每人一張價值二千元的音樂會門票當作獎勵。

可是天公不作美，在開音樂會的那天突然來了一場暴雨，這場突如其來的暴雨導致道路受損情況嚴重，所有公共交通工具都暫停行駛，但是音樂會還是照常舉行。

如果要去，只能冒著寒風驟雨徒步行

走半個小時去音樂廳。請問你會不會去聽這場音樂會？同樣的氣候條件和交通條件，如果這張票是你自己排隊花二千元去買的，你又會不會冒著風雨步行半小時去聽音樂會呢？結果是，更多人在第二種情況下仍堅持去聽音樂會。究竟為什麼票價不變，但結果會有所不同呢？

面對突如其來的暴雨，很多人在第一種情況下都不願意出門，想到是公司發送的門票，自己並無實質的損失；但在第二種情況下，人們就會感覺非常捨不得，寧願冒著寒風和交通不便，也要堅持去聽音樂會，因為那張門票畢竟是自己辛苦排隊花錢買來的。

心理學家認為，人們在決定是否去做一件事情的時候，不僅是看這件事情對自己有沒有益處，而且也會看過去是不是已經在這件事情上面有過較深的投入，這就是過去的投入影響了決策，也就是「沉沒成本的謬誤」。

其實從理性的角度來說，過去的投入不應該影響我們的決策。因為過去的已經不能挽回，既然不能挽回，就不應對現在產生影響，而是該讓它過去，在決策時應將其忽略，以免付出更大的代價。

就音樂會這個例子而言，不管是去不去，錢都已經花了，二千元它是個確定的常數，不應該影響我們其後的決策。僅僅需要考慮聽音樂會這件事情本身所帶來的效益，和從現在起去聽音樂會所要花費的成本，如時間、精力和安全性等。

不僅消費如此，我們在投資時更應該注意：如果發現是一項錯誤的投資，就應該立刻懸崖勒馬，儘早回頭，切不可因為顧及前期的投入，捨不得停損，而錯上加錯。例如，買領帶這類的裝飾物是為了讓你更加帥氣，如果能讓你更加好看，就應該戴上。如果不適合你，反而讓你更醜，那為什麼已經付出了五百元的代價之後，還要在外表的評價上再損失一些呢？

76 為何非旅遊旺季反而出國的人較多？

▼心理學關鍵字：求廉心理

阿爾卑斯山旅遊

親愛的，
我們去旅行吧！

現在是旺季，
人一定特別多，
而且價格還貴！

那我們就等
到冬天再去，
還能看雪景。

以前一提到旅行，人們腦海中首先想到的便是看當時是處於旺季、還是淡季，然後再做決定。

夏季看海、冬季滑雪、春秋兩季賞花似乎成為了人們對旅遊的印象。

如今，隨著旅遊景點的多樣化，旅遊季節的劃分愈來愈淡化，現在即使在看似最沒有趣味的季節裡，也能安排到香港純血拚、或是拉斯維加斯賭博等行程。

人們之所以會選擇在非旺季旅遊，是希望能於其中獲取更大的收益。心理學家表示，求廉心理是消費者的普遍心態，而旅遊消費中，追求價值的最大化便成為消費者的首要目標。理性的消費者都知道，選擇在非旺季旅遊是最實惠的旅遊方式。原因如下：

原因1. 淡季旅遊價格便宜：在寒暑假或是年假過後，出國旅遊的人次通常就會大幅減少。根據經濟學的供需原理，旺季出國人多，代表需求旺盛，機票往往一位難求，因此旅遊價格總是居高不下。

等到旺季過後，旅遊市場需求降低，價格自然下滑。因為處於淡季，此時的門票必定會比旺季便宜很多，並且在旺季時，由於旅遊人數過多，景點的各種物品價格也會隨之上漲；淡季時則相反。

原因2. 旺季人潮過多影響旅遊品質：旺季人潮眾多，從某種程度上會影響人的情緒、以及旅遊品質，在人擠人的情況下，反倒無法達到真正放鬆的目的。譬如在連續假期之時，放假中的父母帶著孩童湧入各大主樂園、名勝古蹟，這也表示要排隊等待的人數和時間成本都要增加，勢必會影響到旅遊品質。

如果連旅遊最基本的目的都無法達到，那麼所付出的成本與所得到的效果之間就無法達成平衡了，也就無法體會到旅遊所帶來的樂趣，讓旅行效益達到最大化。因此，若時間允許，選擇在非旺季旅遊似乎還是最經濟的旅遊時機。

77 十元店薄利為何仍大有賺頭？

▼心理學關鍵字：求廉心理

大街小巷常可見到有些商店在門口寫著「全店商品十元起」。十元店之所以迄今仍屹立不搖，「便宜」無疑是一個最主要的原因。但在「十元店」裡，幾乎所有的商品都僅售十元，商家真的有利可圖嗎？

1. **成本的消減：**俗話說「一分錢一分貨」，商品賣得便宜，往往會給人留下便宜沒好貨的品質低劣印象。但事實不盡然如此，十元店裡主要是在賣進價成本低廉的低單價商品。其中也不乏種類齊全的各式生活用品。十元店之所以能以低廉的價格出售琳琅滿目的商品，廉價的祕密就在於對各項成本的消減。總之，十元店在各個環節努力地降低成本，既要保證低廉的售價，又要讓自己依然能夠從中獲利，這就是十元店商品廉價的祕密所在。
2. **從進貨環節來看：**十元店大部分商品是由一些工人薪資水準很低的工廠所生產製造的；或是從工廠大量訂購，承諾不向工廠退貨，或採取現金支付的方式買斷，這樣有利於工廠避免承擔市場風險，因此在價格上更加低廉。此外，十元店有時還會以現金將破產公司出清的庫存商品全部購入，此時的進價更會低得令人咋舌。
3. **降低物流成本：**十元店一次大量進貨而不退貨，在很大程度上節約了物流的成本，並且不接受訂單，不銷售庫存易過多的商品，這些都是為了降低在物流上的支出。另外，十元店幾乎不做什麼宣傳，店內的空間也不大，而且聘用兼職人員或是工讀生，從而大幅度縮減宣傳成本和勞動成本。另外，由於店內商品統一售價，無需多花人工在商品上黏貼價格標籤。

4.追加成本也能決定價格：十元店裡的商品大都是人們生活中的日常用品、而且大多是消耗品，譬如塑膠水杯、膠帶、鏡子、髮飾……等商品，消費者本身的購買頻率就極高，因此提供「十元店」生存與發展的空間，薄利多銷自然也就有利可圖了。

5.便宜貨更需理性消費：這類日常生活用品大部分很少標示生產日期、生產廠家和精美包裝。這些產品就是以便宜的價格來提高銷售量，顧客購買後即使不滿意，一般也懶得為了十元再找店主理論。因此，消費者到此類商店購物要特別注意有效期限，千萬不要貪小便宜而吃了虧。

消費心理測驗

從買麵包看你的金錢觀

麵包店裡有剛烤出爐的新鮮麵包，你希望吃到哪種麵包呢？

A. 白吐司　B. 牛角麵包

C. 起司麵包　D. 奶油麵包

★答案解析：

選擇A—天生的守財奴：你是吝嗇加小氣鬼，從不亂花任何一分錢，銀行的存款數字是你一生追求的目標。

選擇B—天生的理財專家：你該用則用，該省則省。對自己的支出和收入一清二楚，生活也一直都維持在高水準之上。

選擇C—理財與生活品質並重：你的品味很好，在你的生活哲學中，滿足感會比金錢來得重要，但會量力而為，你的人生觀最重要是開心就好。

選擇D—毫無理財概念：你天生就是金錢白癡，揮金如土。錢財對你來說，只是一連串的數字，你從沒搞清楚過自己有多少錢，只要口袋裡還有錢，管它明天會怎麼樣。

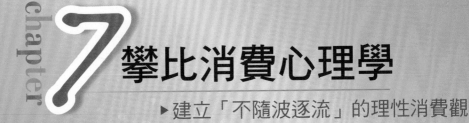

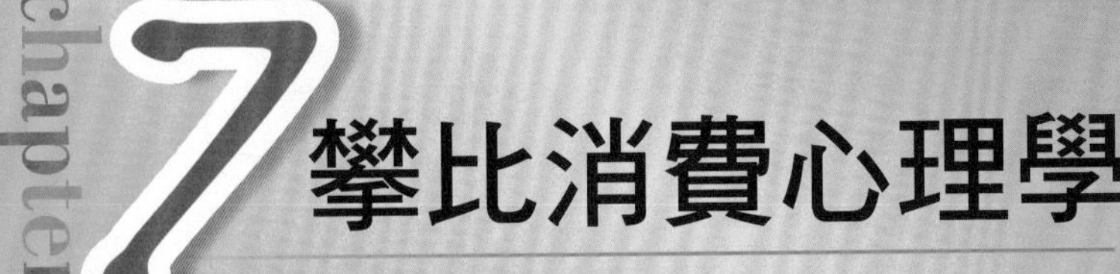

chapter 7 攀比消費心理學

▸建立「不隨波逐流」的理性消費觀

78 為何高跟鞋不舒適，女人還是買不停？

▼心理學關鍵字：攀比效應

身為一個粉領上班族，
常常想要讓自己變得更優秀……

我要穿高跟鞋
讓自己更有自信。

走路一定要抬頭挺胸。
雖然有時候鞋跟會
卡在下水道蓋裡。
而且每天回家腳都特別痠。

但為了我的美麗和自信，
我還是要天天穿著美美的
高跟鞋。

穿高跟鞋對於很多女性來說，其實並不是一件十分舒服的事情。

腳上蹬著幾吋高的鞋跟走久了難免會很痠痛，但即使是這樣，女性們卻依然願意忍受穿高跟鞋所帶來的不適感，在逛街時總還是忍不住進鞋店試穿，買回一雙雙又高又時髦的鞋子，這是為什麼呢？

女性朋友之所以選擇穿高跟鞋，是因

為高跟鞋能為她們帶來很多好處。高跟鞋不僅使她們的身高看來增加很多，而且高跟鞋特殊的構造，迫使她們將腰板挺得更直，更能顯示女性迷人的曲線，在眾人之中脫穎而出，受到更多羨慕的眼神。

於是，當一個人因為穿上高跟鞋而更能凸顯自己優點的時候，別人就會紛紛效仿。儘管穿高跟鞋走起路來很不舒服，但為不讓自己個頭顯得矮人一截，很多女性都寧願忍受不適，而不願意放棄其所帶來的美麗。

當使用或擁有一項產品逐漸形成一種趨勢之時，大家會認為別人有了，我也應該要擁有，如果沒有會感到低人一等，縱使對自己而言效用不一定很大，但一定非擁有不可，這就是「攀比效應」。

而「購買美麗」，也正是女性消費的一大動機。但當所有的女性都穿上了高跟鞋，大家又重新擁有同一優勢，優點也就因此不相上下。因為身高是相對的，當所有的女性都穿上高跟鞋讓自己高出了幾吋，她們之間的相對高度其實還是沒有改變。但女性仍然樂此不疲的原因，是即使大家都放棄穿高跟鞋，只要還有一個人在穿，就可以獲得優勢，這樣彼此之間的平衡就輕易被打破了。因此大家只有選擇都穿高跟鞋，處於這樣的一種平衡，才不會有機會讓其他人給比下去。

另外，英國一項調查顯示，有七成女性表示，在工作場合穿上高跟鞋，會自然而然地感到自己更加優秀，對自己的能力也更有信心。這顯示高跟鞋已經成為了女性的自信來源之一，對於她們來說甚至隱約地意味著好品味。所以，女人對於高跟鞋的情有獨鍾也就不難解釋了。

製鞋與銷售業者正是看到女性這種不得不消費的攀比心理效應，所以樂於不斷地將鞋款推陳出新、請美麗的模特兒替代言產品、砸下大錢作廣告……，甚至推出一些高價的鞋款，而不擔心沒有顧客上門，反而從中獲得巨大的商機。

79 為何總忍不住頻頻更換新手機？

▼心理學關鍵字：過度消費

①
新款手機好漂亮啊！

②
親愛的，
我的手機好像壞了。

③
你又看中了
哪支新款手機啊？

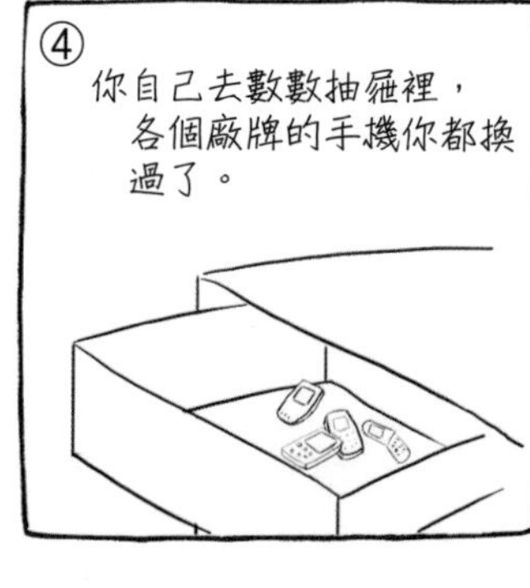

④
你自己去數數抽屜裡，
各個廠牌的手機你都換過了。

我們都知道，手機早已不再是單純的通訊工具了，在科技迅速發展之下，各種手機功能一直不斷地快速更新。尤其智慧型手機每次推出最新款、或研發出新功能似乎都會引起一波「換機潮」，擁有最新款手機已成為追求時髦形象時，不可或缺的隨身配備。

在現代社會中，頻繁地更換手機已不再是個別現象。心理學家認為，驅使人們不斷地更換手機，其背後隱藏的心理需求大致有以下幾種：

原因1. 不斷追求最新功能的欲望：一般人購買手機的動機，主要還是著重其使用功能，對於舊款手機功能的一些不完美之處，通常會非常在意。

而手機廠商抓住了此一消費心態，一直推陳出新，不斷地向消費者展示功能強大的最新機型。譬如智慧型手機龍頭蘋果、三星、HTC……，總是針對手機螢幕大小比例、視窗功能、相機解析度、核心處理器的效能、開機時間、電池持久性、或強調輕薄機身來進行拚比，讓消費者難以抵擋新機型、高品質的誘惑，乖乖掏出荷包來！

原因2. 從眾心理的促使：人有追求快樂的本能，雖然每個人都希望獲得新產品來換取快樂，但並不是每個人都一定會這樣去做。對於某些族群來說，譬如年輕消費族群的消費欲強，加上同儕的影響力大，往往看到同學或是朋友擁有新款手機，在從眾心理效應的影響下，往往就會衝動做出購買決定，以獲得立即的快樂。如此的消費模式，雖然所費不貲，但下一次還是會控制不住自己，而造成過度消費。

原因3. 希望別人看重自己：一個自信心不足的人，當自身沒有什麼優勢可以壓倒眾人時，就會轉而朝向使用物質來換取眾人欣羡的眼光。刻意去追求較高的物質享受，盡量將這部分形成自己獨到的優勢。通常會先從一些外在的配件開始著手，譬如高價手機、名牌皮包、手錶……，透過這些優於別人的物質，來獲得優越感就是他們經常表現的一種方式。

原因4. 過度補償心理：童年或長期生活在貧窮中的人，會嚮往未來生活得到改善。當這種欲望得不到滿足，就會積聚在心裡，一但條件允許時就會完全地宣洩出來，甚至會過度宣洩，形成不健康的消費心態。

因此，對於手機的消費，聰明人都應遵循實用第一，物有所用的原則。無論手機多麼漂亮、時髦，還是要視自己真正的需求來購物，不要讓頻繁更換手機，形成過度的浪費。

80 「電視廣告」讓兒童的消費欲望大增

▼心理學關鍵字：魚群現象

①
自從我家寶貝迷上
電視以後，一切都變了。

②
媽媽，我要吃那個冰淇淋，
電視上說很好吃耶！

③
我也要買那個書包。

④
這是什麼？
媽媽你落伍啦。

⑤
這樣下去不行，
得好好教育一下寶貝。

⑥
寶貝啊，我們要做自己，
不能把電視當成老師呀！

面對琳琅滿目的商品誘惑、無孔不入的廣告催眠、強力放送的消費暗示，物質的力量簡直無處不在，不但大人難以抗拒，連天真無邪的兒童，也開始被捲入物質的狂潮之中。

一項來自十一個國家的調查發現，八歲至十四歲的孩子已經具有獨立的品牌偏好，同時開始受到發達的媒體所影響，平均一年會受到四萬個

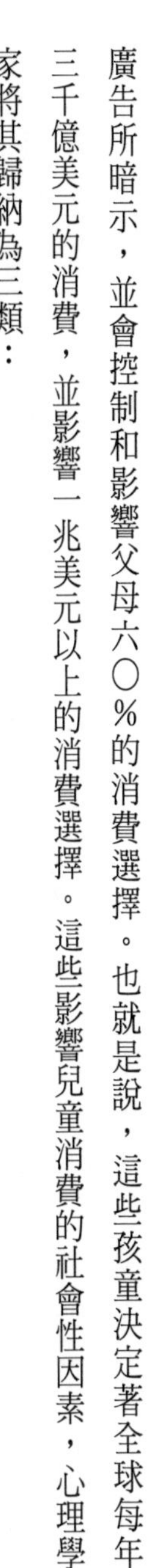
廣告所暗示，並會控制和影響父母六〇%的消費選擇。也就是說，這些孩童決定著全球每年三千億美元的消費，並影響一兆美元以上的消費選擇。這些影響兒童消費的社會性因素，心理學家將其歸納為三類：

第一類、父母和家庭的影響：當孩子還很小、不懂錢為何物時，父母包辦了他們的所有消費。而作為兒童最開始接觸的人，父母也是他們觀察和模仿的對象。透過父母的言行示範，孩子們不僅學會了消費，還直接承襲了家庭的消費觀念與父母的消費態度。

第二類、同年齡孩子的影響：在兒童消費市場有一個有趣的「魚群現象」，一個兒童就像是一條魚，可以影響數十個同伴，往往一眨眼之間，數以百萬計的兒童們都齊心朝同一方向追隨。譬如最受歡迎的卡通影片播映期間，其中的卡通人物往往就是孩子的居住社區鄰居與學校同學共同的話題。因此，包括孩子們使用的書包、各式文具、水壺、衣服、鞋子……，幾乎全會被影響，而成為孩童在選購這些物品時的第一考量。

第三類、電視廣告的強力誘惑：知名速食廣告推出過一則廣告，強打兒童餐「週週都有新玩具」的廣告詞，強調每一週都會推出最新款經典卡通人物造型的贈品，孩子們看到這則廣告，所有的消費欲望都被撩起，想要玩具的渴求深深植入心裡，這款速食兒童餐果然熱銷大賣。

在這個物質氾濫的時代，這些物質影響能快速的透過各種媒體傳播到兒童群體中。因此，務必要由成人來把關，不讓孩子輕易被媒體所影響。作法是在平時就建立孩子正確的消費觀，要求孩子在正常的需求下來進行消費，不要因為廣告渲染或在同儕的壓力下，而不知節制恣意消費。

81 為何化妝品再貴，女人還要買？

▼心理學關鍵字：愛屋及烏心理

①
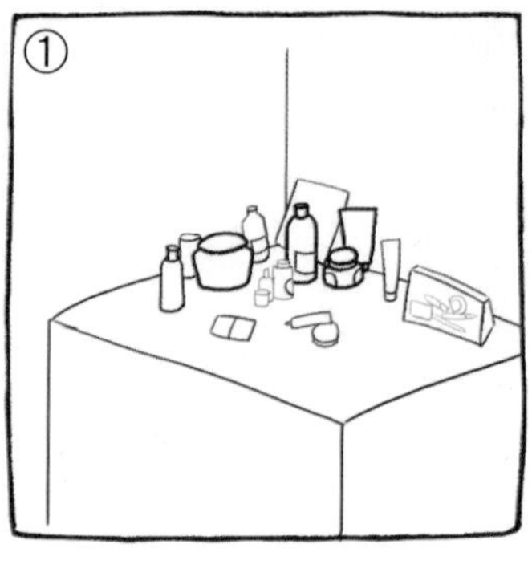

②

③

④

親愛的，
時間快要來不及了。

⑤

女人嘛，總要
塗塗抹抹才能出門的。

⑥

不含酒精

可以先把家裡的
用完再來買嗎？

月薪只有二萬五千元的美美，平日生活一向很拮据，但每月總忍不住在化妝品專櫃花去三分之一的薪水。

這次營業員向她介紹一款價值五千元的全新美白護膚套組，再加上還要再買的幾種化妝品，算下來一共就要花掉八千多元。但在專櫃小姐幫她試用保養完後，美美還是大方地刷卡結了帳。

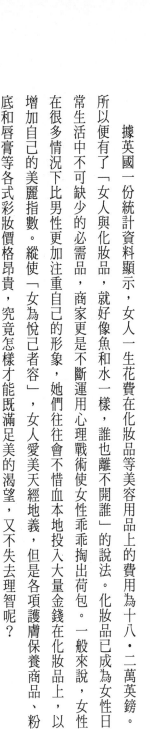

據英國一份統計資料顯示，女人一生花費在化妝品等美容用品上的費用為十八・二萬英鎊。所以便有了「女人與化妝品，就好像魚和水一樣，誰也離不開誰」的說法。化妝品已成為女性日常生活中不可缺少的必需品，商家更是不斷運用心理戰術使女性乖乖掏出荷包。一般來說，女性在很多情況下比男性更加注重自己的形象，她們往往會不惜血本地投入大量金錢在化妝品上，以增加自己的美麗指數。縱使「女為悅己者容」，女人愛美天經地義，但是各項護膚保養商品、粉底和唇膏等各式彩妝價格昂貴，究竟怎樣才能既滿足美的渴望，又不失去理智呢？

定力1. 不受煽動性廣告的誘惑：女性對於各類媒體廣告的關注程度均高於男性，受到暗示的心理影響也遠遠高於男性。因此，商家不惜代價請重量級明星代言，對於消費者來說正是一種無形的心理戰。因為明星代言的廣告很容易讓人產生「用過了就能和她一樣美」的心理。心理學家分析：明星近乎完美的容顏，總讓所有女人欣羡不已，幻想自己有朝一日也能擁有如此美麗的容貌。人們眼睛看到的是一張張美麗的面孔，然後耳朵聽到的是這些美麗面孔在告訴她們：我們之所以如此美麗，是因為使用了「○○牌」的化妝品。於是女人們便被這種暗示性的話語和動作所影響，而不惜花大錢買下昂貴的化妝品。也因此，常有人說：「女人的錢最好賺，而賺女人錢最多的正是化妝品」！

定力2. 不受銷售員話術的影響：每個女人到化妝品專櫃時，都很難不被專櫃小姐的高招話術所說服。首先，美麗的專櫃小姐本身就是商品的活廣告。其二，化妝品的試用品、促銷活動……也總是讓女性們難以抗拒，乖乖地打開錢包，讓化妝品業者掏光最後一分錢。

切記，「愛美勿失理性」，唯有不過分迷戀廣告，在適度使用化妝品的同時，不忘建立內在的自信，才是使你更加美麗動人的不二法門。

82 奢侈品愈貴，愈要買？

▼心理學關鍵字：炫耀性消費

①
千辛萬苦，終於買到了這個名牌皮包。

②
之前我天天去看這個名牌皮包。

③
想想自己能夠揹著它在路上走，多有面子啊！

④於是……
在公司裡吃了一個月的麵包。

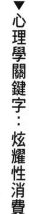

⑤
終於等我存夠了錢。

⑥
可是哈尼卻說……
這個皮包不是滿街都有人揹嗎？

「奢侈品」在經濟學上，指的是價值與品質很高的產品，並非平日生活所必需，而是無形價值與有形價值比值最高的產品。

從經濟學來講，「奢侈品」指的是價值／品質關係比值最高的產品；也是指無形價值／有形價值關係比值最高的產品。

但僅僅價格高並不意味著就是「奢侈品」，「奢侈品」的高價性也絕非僅在生產過程中，使用高昂物質成本所堆砌而來，而是在其背後有一個心理支撐和文化傳承。心理學家指出，奢侈品市場因所具有的特殊性，使得消費者在心理上，虛榮大於品味，使用「奢侈品」的同時，也享有極特殊的市場和社會地位，因此，價格的高低與否，並非是使用奢侈品消費者的考量。

人們對奢侈品的消費心理有一個最顯著的特點，就是彰顯自己非凡的身價與品味。比如身價不斐的大老闆們，可以一買就是數輛保時捷或積架跑車、貴婦們也是人手拎一只柏金包或凱莉包、手要戴卡地亞或勞力士……。總之就是人們希望有錢後，希望靠炫耀性消費來贏得尊重。

「炫耀性消費」指的是透過對物品超出實用和生存所必需的浪費性、奢侈性的消費，以表現自己的財富或收入為目的，向他人炫耀和展示自己所能負擔的高昂代價，而花費於奢侈商品的消費行為，並期望以此來獲取社會尊崇。

一般來說，奢侈品的符號價值遠遠大於它的實際價值。消費者是在消費品牌符號，因為符號可以帶來愉悅、興奮、炫耀、身份、地位……等美好的心理感覺。另外，從仿冒奢侈品的市場氾濫就可以說明符號消費對消費者來說是具有某種意義的。消費者往往並不會特別留意一個香奈兒皮包的材質，但仍會十分在意香奈兒包的 LOGO 象徵符號，是否能被別人清晰地看到。

不過，在現在消費奢侈品的未必都是富人，許多人其實只是陷入了「名牌迷思」，而開始瘋狂追逐奢侈品。這種盲目的消費行為，甚至許多是不符合身份場合的。譬如有很多人可以背著香奈兒皮包，下班吃完速食，再去擠公共汽車；或是些一夕致富的人文化程度其實不高，想要學習富豪喝上萬元的紅酒，事實上卻喝不出與幾十元紅酒的區別，這些消費行為其實都是沒有必要的。

83 同事結婚生子究竟該包多少？

▼心理學關鍵字：人情消費

①
親愛的，我們這個月
要面臨經濟危機了。

② 老張女兒5號過生日，
要包600元。

③ 芳芳8號結婚，
最少得包2000元吧！

④ 小周打電話說，
明天新居落成要請客。

⑤ 這個月的禮金要花掉
快5000元呢！

⑥ 我們一起咬牙度過吧！

隨著年紀愈增，在社會上的歷練與人脈也都隨之增加，伴隨而來的，是人情消費的相關開支。

曾聽老李這麼說：「光是去年十月份一整個月，我一共參加了三場親友婚禮、一場同事請滿月酒、一次上司喬遷新居、兩次同學會、一次好友開業慶典、還有一場老友喪禮。」而參加這些活動，每次最少要花上千元的

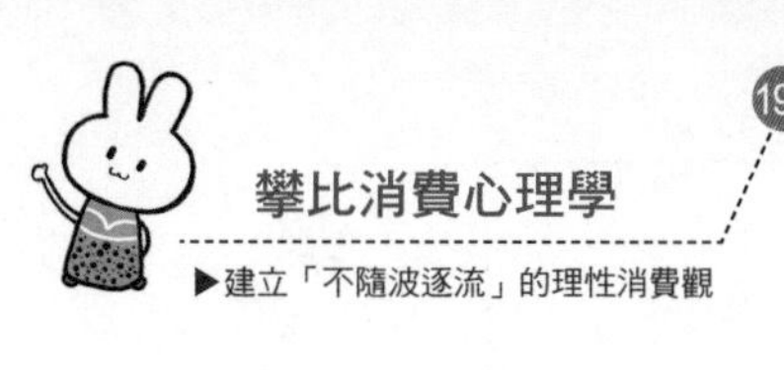

禮金，多的甚至三千六至六千元，每個月光是紅白帖就是一筆為數可觀的開銷。我們是不是也常常聽到類似無奈的牢騷？

其實人情消費可說是維持良好互動的一種人際上的投資，具有加深感情和建立人脈的功效。但也要注意，過於浮濫的各種人情消費，要留心會讓自己不小心透支。

有一項調查顯示，八〇%的人在不同程度上曾經有「害怕過年」的心理，形成一種「過年焦慮症候群」。專家分析大概有幾種人比較害怕過年：一種是老闆和主管，他們大都應酬很多，在過年前常要出席大大小小的活動或尾牙，要支出的紅包和年終獎金都很多，對他們而言，有不少人一想到過年就感到擔憂和煩悶。第二種是中年人，他們上要為父母包大禮、下要替孩子們包紅包，全家大小在過年時的各項生活開銷也勢必較平常增加，因此壓力也頗為沈重。第三種是年輕人，他們剛出社會工作不久，經濟基礎比較薄弱，也需要為家裡親戚的孩子們包壓歲錢，或打算出國旅遊，這都需要支出很大一筆金額，很容易讓年輕人捉襟見肘。

針對這種現象，心理學家指出過度的人情消費其實是由於人們的攀比心理作祟，也就是過於注重「面子」。我們一面在為人情消費的增加發愁，一面卻強調「禮尚往來」，為此現象推波助瀾。當「人情」變成一種負擔時，對於人和人之間的關係都是有百害而無一利的。

理財專家提醒我們，要理性對待人情消費，毋需將禮金的多少作為衡量情感深厚的標準。在人情消費中，應該要適可而止、量力而為，應該選擇最能表達情感的方式，譬如在逢年過節發封電子郵件或簡訊、打通電話或送張賀卡，送上祝福與恭賀之語是必要的；遇有喜事送束鮮花、開瓶紅酒……小小的祝福，禮輕情意重，都能加深感情、增進友誼，展現出送禮原本該有的「人情味」，切莫讓人情消費變成經濟負擔。

84 為何別人看上的衣服比較漂亮？

▼心理學關鍵字：「比較效應」

①
我每天都努力工作。

②
可是銀行存款總是很少。
余额：3,751

③
什麼時候才能住到豪宅呢？

④
什麼時候我也能
買輛轎車呢？

⑤
算了，人比人氣死人，
還是努力工作實在點。

⑥
至少我還有個
溫馨的家，該滿足了！

明麗在名牌服飾專櫃前挑選衣服，她覺得每一件都很漂亮，下不了決心要買哪一件。

拿起一件，左看看、右看看，總覺得不滿意。突然，她看到前面一位小姐手裡拿著的一件衣服十分漂亮，顏色和樣式也比自己剛才看過的那些要更好一些。

看到這裡，明麗心想著：「你快點放下吧，這一件我好想要買呀！」明麗扔下正在挑選的衣服，就等著那位小姐放下手中的衣服。結果那位小姐果真放下了手中的衣服，明麗馬上跑過去抓住那件衣服，毫不猶豫地買了下來。

「今天真幸運！」她在回家的路上興高采烈對丈夫說，「幸虧那位小姐沒買走這件衣服。」她的先生先生卻笑著說：「我剛剛看到那位小姐也和你一樣，手裡正捧著你剛才放下的那件衣服高興不已呢！」

你是不是也曾有過同樣的經驗呢？那麼你知道為什麼總是覺得別人看上的東西比較好呢？心理學家說，人很容易對別人擁有的東西，包括有形的財物、或是無形的外貌或學歷……等，產生羨慕或嫉妒的「比較心理」。但是對自己所擁有的一切卻視而不見，也不特別在意，沒想到好好去珍惜。似乎覺得無法擁有的才是最好的。同樣的，別人買下的那件衣服也永遠是最漂亮的。

生活中這樣的例子還有很多，譬如有人常會拿自己的不足與別人做比較，豔羨別人生活得富足、安逸，卻沒有想到自己夫妻和睦，孩子雖有點調皮，卻也孝順、可愛，而不斷去抱怨自己要辛苦地賺錢養家糊口，一刻也得不到安閒。

人生在世，總免不了和別人做比較，不能忍受自己的缺失。別人擁有的，總是希望自己也能擁有，並且只有當自己和周圍的水準一致時，心理才會覺得平衡。如果別人有的，自己沒有，就會表現出失落的情緒，即使自己在其他方面優於別人，也常由於我們執著於別人的優勢，沒有發現罷了，這也會造成我們心態上的失衡。

我們要善於發現自己身邊的幸福，不能因為自己已經擁有，就忽略或輕視它存在的價值。別人手裡的未必就是最好的，珍惜自己所擁有的，才應該是人生選擇的第一順位。

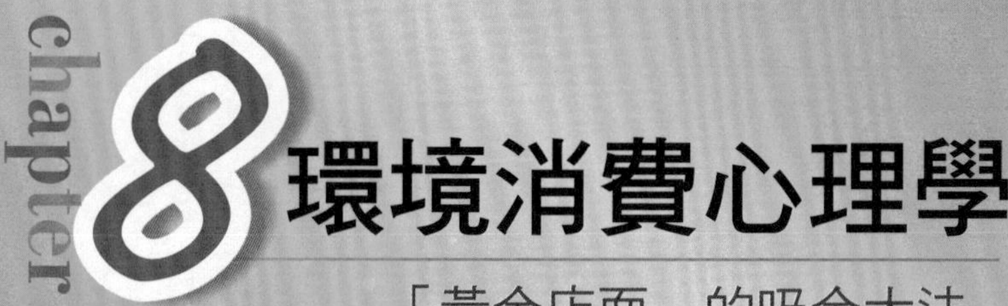

chapter 8 環境消費心理學

「黃金店面」的吸金大法

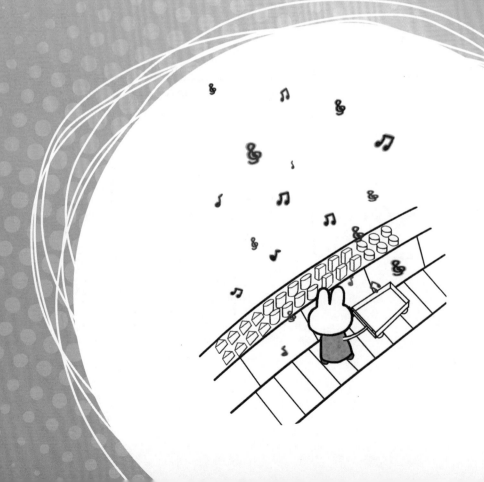

85 好店面，才能帶來好業績！

▼心理學關鍵字：位置感覺

①
親愛的，我打算開家服飾店，你幫我選選地點吧！

②
對啊，你那麼愛買衣服，乾脆開一家算了。

③
店面一定要在主幹道。

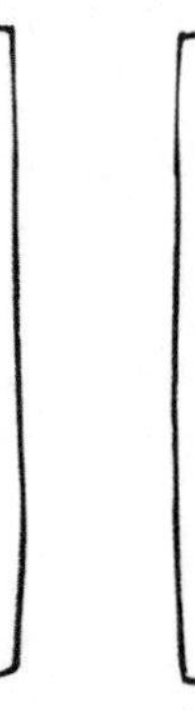

④
最好在電梯口顯眼處。
⑤
對了，還可以在網上賣，增加銷路。

⑥
親愛的，你太厲害啦！
我們的店一定能穩賺不賠！

「位置好，客流量就大」是個不爭的事實，不過，在客流量大的基礎上，女裝卻比男裝更依賴店面位置的好壞。

心理學家認為，這是由於女性顧客在服裝消費時的特有心理，增強了「好位置」對提高銷量的作用。

◆女人最重視「感覺」：女性顧客更關注「感覺」，而

「位置」能帶給人一種在購物環境上的「感覺」。女性顧客通常會對於「拐彎抹角」才能找到、或者和眾多品牌擠在一起的店面「感覺」不好。

尤其是在服飾本身和店面裝潢相差不大的情況下，多數女性顧客會覺得「只有更好的品牌才能佔據更重要位置」，從而選擇店面位置更好的服飾店。反過來看，男性顧客購買服裝的時候想到的往往是自己的職業與身份，更關注服裝本身的品味是否適合自己。既然不如女性顧客那麼「熱愛」逛商場，那麼對逛商場的「感覺」也就不如女性顧客那麼在意了。

◆**「逛中」的機率**：在購物時，多數女性顧客喜歡慢慢「逛」，位置明顯的地方，自然被「逛中」的機率就高。譬如電梯口前和樓層邊角的店面往往是女性顧客經常光顧的地方，而那些不靠電梯、也不靠邊角的店面則相對冷清。因為，大部分女性顧客喜歡先圍繞商場轉一圈，而不是直接進入商場中間的店面。女性顧客購買服裝前有「逛了再決定買什麼」的想法，購買服飾的行為更隨機，更容易「先入為主」，先看到了某個品牌，等再看到其他牌子就有更多的比較和挑剔。相形之下，男性顧客購買服裝的目的性更明確一些，常在到達前就想好了要買什麼，進入商場後直接尋找目標，買到合適的就不再繼續逛了。

◆**放大的「誘惑」**：女性顧客經常在逛街時突然就被某個店面所吸引，如果這個店面正好在顯著位置上，那麼這種眼前一亮的效果就會被進一步放大，而生來感性的女士怎能逃脫這種誘惑呢？

表面上看來，不少女性顧客喜歡把商場每個角落都逛遍，似乎有了更多的選擇以後就不會在意店面位置了。不過，事實上正是因為有充足的選擇，她們在「逛」和「選」的時候心態並不相同。如此看來，女裝店在商場內找個「好位置」對於提高銷量來說還是很必要的。

86 服飾店的穿衣鏡為何斜著放？

▼心理學關鍵字：直觀感覺

④
請問刷卡、還是付現金？

菲菲說：「最近我在百貨公司買了一件衣服，試穿的時候覺得這套衣服棒極了，把我的身材修飾得很好，不但水桶腰不見了，還覺得雙腿變得好修長。可是等到回家再穿，怎麼都穿不出當初的效果，這究竟是怎麼一回事啊？」

你是不是也有同樣的疑惑？其實問題就出在百貨服飾店裡的試衣鏡上。

稍微留心一下，我們就會發現，很多服飾店中都斜放著試衣鏡。尤其是賣褲子的店家，試衣鏡幾乎都是斜放著的。這些穿衣鏡高大約都是高一．三公尺、寬〇．三公尺左右，大部分是選用長橢圓形的鏡子，與地面呈十幾度角仰放。但有趣的是，在男裝的試衣區內，幾乎比較少見到斜放鏡子的蹤跡。

探究其原因，心理學家指出，女性消費者的購物行為有一個非常顯著的特點，就是她們的購買行為受到「直觀感覺」，也就是直覺和情感層面的影響是很大的。而其愛美的心理會增加對商品外觀與其所帶來形象的注重，甚至直接影響到女性的消費欲望。因此，店家巧妙地利用女性的這一種心理，透過試衣鏡來達到不凡的美化效果，讓顧客心動。

將鏡子斜放後，在試穿衣服之時，這樣的角度使人能很「舒服」地在鏡子裡看到自己從頭到腳的裝扮，人也似乎顯得高挑多了；而使用橢圓形的鏡子，也能讓身形更顯得修長；此外，服飾店一般也會選用多層鍍銀的鏡子，這能使反射光成倍增加，讓鏡中人看來更加亮眼有型。

除了鏡子，就連鏡子旁的「燈光」也有特殊的作用。譬如在穿衣鏡旁打上強光，往往能達到更好的反射效果，使鏡子中的衣著看來更光鮮亮麗。

所以在買衣服的時候，為了避免受到傾斜鏡子所造成的影像誤導，不妨改到其他與地面垂直的鏡子前試裝。如果燈光太強，也最好換到日光下重新看看效果。這樣，你被鏡子和燈光「欺騙」的機會自然也就減少很多。

87

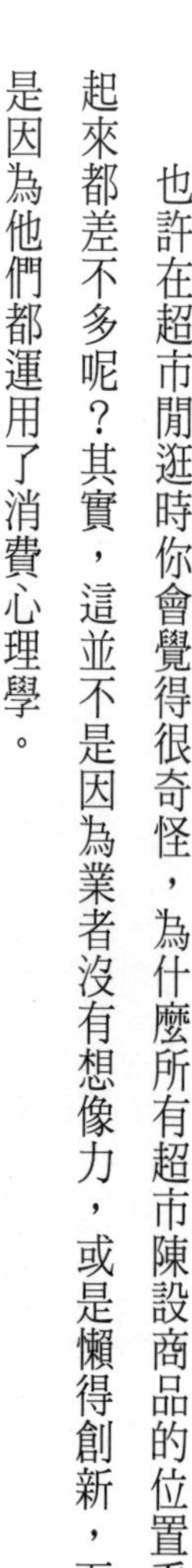
聰明的超市陳列，激起顧客購買力

①

②
電梯旁邊的商品，就是
用來吸引你這類型的人。

▼心理學關鍵字：潛在消費

也許在超市閒逛時你會覺得很奇怪，為什麼所有超市陳設商品的位置看起來都差不多呢？其實，這並不是因為業者沒有想像力，或是懶得創新，而是因為他們都運用了消費心理學。

心理學家表示，超市的布局可能會激起顧客「潛在的消費」。譬如在超市必經的通道上，集中陳列著特價商品；而貨品的陳列擺放也是有學問在內的，譬如貨架之間彼此都有關聯性，讓消費者在進行某項消費時，輕易觸動起另一根消費神經。究竟超市布局中，還隱藏著那些祕密呢？

1. 出入口分層設置：走進有許多樓層的大賣場，顧客往往會發現，絕大部分跨層超市的出入口都是分層設置的。即便你想買的東西都在同一層，也不得不費一番周折，在另一層走馬看花般多繞一圈才能找到上下樓的電梯或電扶梯。

就在超市裡多逛一圈的這段「多餘」的路程之中，消費者通常很難抵擋得住貨架上琳琅滿目的商品誘惑，自然增加了購買的機率。如此，超市將出入口分層設置的這個方法，不但緩解了客流量的壓力，同時也增加了營收。

2. 分區動線的設計：某一家服飾店同時以經營婦女、男子和兒童的衣物為

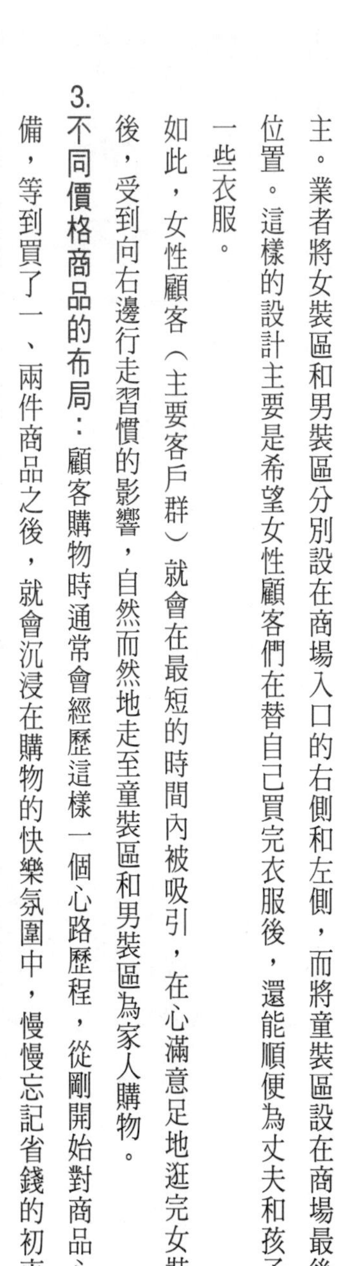

主。業者將女裝區和男裝區分別設在商場入口的右側和左側，而將童裝區設在商場最後面的位置。這樣的設計主要是希望女性顧客們在替自己買完衣服後，還能順便為丈夫和孩子挑選一些衣服。

如此，女性顧客（主要客戶群）就會在最短的時間內被吸引，在心滿意足地逛完女裝部之後，受到向右邊行走習慣的影響，自然而然地走至童裝區和男裝區為家人購物。

3. **不同價格商品的布局**：顧客購物時通常會經歷這樣一個心路歷程，從剛開始對商品心存戒備，等到買了一、兩件商品之後，就會沉浸在購物的快樂氛圍中，慢慢忘記省錢的初衷。所以對超市來說，如何攻破顧客的第一道防線，讓顧客一開始就願意掏出錢來非常重要。

根據這樣的顧客心理，超市在商品陳列的布局上，不妨在顧客最先經過的地方陳列價格較便宜、或是居家生活中常會用到的商品，顧客一方面覺得非買不可，另一方面會想：「這裡賣得好像比較便宜」於是卸下心防，開始放心血拚。其實雖然便宜買到了這些商品，但也打開了顧客的荷包，之後不知不覺花得錢可能更多，但消費者自己卻察覺不到。

4. **注重選購時的自主性**：現代超市或大賣場都是開放式的，消費者可以自主地選購商品，這樣反而給予了顧客更大的心理空間。從消費心理學的角度來看，人們希望自己能夠隨心所欲，在選購商品時不希望有被其他人監視的感覺。另外，某些商品具有一定的隱私性，顧客不希望自己的購買行為在眾目睽睽之下暴露出來。甚至顧客在購買前可能還會看看這類物品所在的區域周圍有什麼人，如果旁邊有很多人走來走去，她們可能會失去購買的勇氣。

除此之外，如果一個超市售貨員站的位置不恰當，也常會讓顧客產生售貨員在監視自己的感覺；或者售貨員「熱情過度」非要解說的情況，也會破壞了超市自主性高的特徵。

88 購物路線會影響你買了什麼！

▼心理學關鍵字：「錨定效應」

①
請問有什麼需要嗎？

③
這件多少錢？

④
向您推薦這件，比剛才那件更適合你，而且還便宜些。
⑤
只要180元啊，
便宜很多呢。
就要這件吧！

⑥
親愛的，
這件普通T恤要180元？

某人去逛街，從A地走到B地，覺得什麼商品都很貴，最後什麼也都沒有買。而有一次從C地走到B地，卻覺得什麼東西都很便宜，最後買了很多回家，這是為什麼呢？

人們對商品的價格感覺有所不同，是因為從A地走到B地，是從低檔區到中檔區；而從C地到B地，是從高檔區走到中檔區。

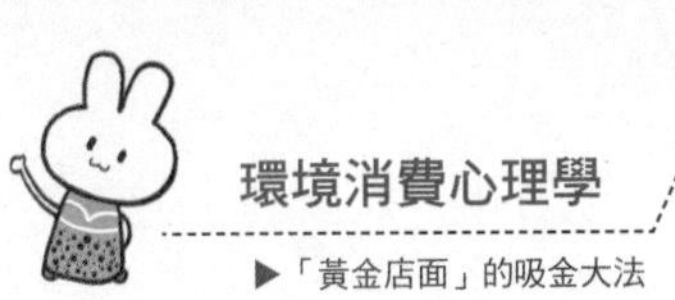

因為人們總是傾向於把時間上在前面的那一件事，看做自己決定的參照依據，也就是以剛開始的參考值作為基準來判斷，這在經濟學上就被稱為「錨定效應」。當第一次的資訊被人接受，第一印象一旦形成，便會導致人在認知上的惰性，從而產生「優先效應」。在消費過程中，先看到的價格往往會成為消費者在之後購買行為中的一種參照依據，影響其對價格的心理感覺，並會在一定程度上左右其最後的購買決定。

從A地到B地，由於是一開始就看到商品的價格比較低，顧客就會以此作為參照依據，後面的商品價格只要高出於這個參照依據，顧客就會覺得貴，覺得不划算而放棄購買。而如果先前看到的商品的價格比較高，只要低於這個參照依據，顧客就會覺得便宜，從而增加了心理的滿意程度，購買得就會多一些。這是一種心理感覺，但在一定程度上，卻會對消費選擇產生很大的影響。因此，聰明的妻子往往會先帶丈夫到高檔的服裝店，即使不買，也會給其內心留下一個參照標準，等到了別間商店，看見比原來那家店更便宜的服裝，即使價格也不低，但其心理接受度就會高一些，甚至覺得划算而購買。

當然，這樣的效應也常被商家應用在各種銷售情況上，會在很多行銷細節讓顧客形成這種心理影響，以實現更大的利益。那麼究竟該怎樣來避開「錨定」陷阱呢？不妨試試以下幾點建議：

1. 看看有沒有其他的選擇，不要一味被自己的第一個想法所牽制或影響。
2. 一開始心裡不妨先盤算一下，有一個自己的想法之後，就不容易被別人的意見所左右。
3. 審查自己對各種資訊是否給予相同的重視，避免只接受符合自己觀點的「有利資訊」。
4. 決策時要跳脫出過去的種種記憶，盡量減少特定或重大事件所帶來的影響。
5. 審視自己的動機，判斷是否在為合理的決策收集資訊。

89 女裝部樓層為何比男裝部高？

▼心理學關鍵字：「連帶效應」

④
對哦，你還有兩件新的呢。
那我們上樓看女裝吧！
我不缺
襯衫。

當我們去服飾店買衣服的時候，常會發現這樣的現象：二樓大部份設為男裝區，三樓和四樓都設為女裝區。為何女裝樓層會設置在男裝之上呢？

與男性相比，女性對其外表更為重視，因此在服裝方面的消費也遠遠高於男性。在選擇和購買服裝時，女性往往比男性更加謹慎和認真，積極性也比男性高得多。所以縱使把女性的服裝擺在較高的樓層，也不會影響她們購買衣服的積極性，即使要乘坐電梯到頂樓的女裝特賣會，女性也在所不惜。

相較而言，男性對於「買衣服」則沒有這麼積極，若是稍微覺得費事，他們就會輕易地放棄。很多男人會想：「有一套西裝穿就可以了，沒有必要非得再買一套新的。」或是「我已經有三、四條西裝褲，足夠穿了。」衣服對於大部分男性來說，仍然較重功能與實用性，炫耀性的展現服飾，並不是他們最主要的目的。

如果再加上買衣服需要走上、走下地四處尋找和挑選，男人們寧願選擇放棄。如果將男裝擺在較高的樓層，更會影響男性購買的積極性，因而降低男裝的銷售業績。因此，商店才會把男裝擺在二樓、或是較低的樓層，而女裝則會擺在較高的樓層。

在現實生活中，不少男性的衣服都是由女性負責購買的。將男裝擺在一樓或二樓，女性在為自己選購衣服時，會路過二樓男裝區，也方便女性在替自己購買服裝時，順便幫自己的男友或丈夫購買一些襯衫、襪子等。特別是給自己買完衣服的女性，下樓路過男裝區，可能會產生「愧疚感」，順便又給丈夫買一件，就產生了連帶消費。因此，將男裝擺在較低的樓層，把女裝擺在較高樓層的模式是最為合理、恰當的。

三樓和四樓的女裝設置其實也暗藏玄機。業者通常會在三樓設置成熟女裝，而在四樓設置年輕女性的時尚女裝。從消費心理學的角度來說，不同年齡消費者的購物習慣會有所不同，所以服裝樓層的安排設計也會有所區別。譬如年輕女性認為逛百貨服飾店是一種享受，不會在乎時間的消耗，因此服裝位置設計可以安排在較高的樓層；而年齡稍大點的中年女性體力沒有年輕人充沛，並且受家庭、工作等方面的時間限制，通常買到適合或需要的商品就會離開，安排在低樓層則會方便許多。當服飾分層擺放的位置正確之後，服飾店的業績自然就會增加了。

90 為何超市的口香糖要放在收銀台旁？

▼心理學關鍵字：衝動消費

②
上午在家打掃。

③
下午有時候去
超市買點東西。

④
收银
每次排隊付帳時，我總會
忍不住多買收銀台旁的小零食。

⑤
每次都有滿滿的收獲。

當你走進幾間不同的超市，你就會發現幾乎所有的超市都會將口香糖放在緊臨收銀台的地方。

當然，在收銀台旁擺放的不只是口香糖，還有其他小件的零食、巧克力和一些特價商品。這些商品未分區擺放看起來毫無規律，其實並不然。

將口香糖放在超市收銀台旁的原因，大致有以下幾點：

原因1. 誘導消費者衝動購物：它們被擺放在結帳口附近，因為這是顧客的必經之地，他們可能在選購其他產品時沒有發現這些商品，而放在這裡產品自己會提醒顧客。像是口香糖、飲料、零食和一些特價商品，它們本身對消費者來說就具有極高的誘惑性，若在結帳口像廣告般出現，可以刺激消費者衝動購買這類商品的欲望。這類型的衝動購物，常常並不在消費者的購買計畫之內，但所創造出的消費比例其實並不低。

原因2. 購買低價品較不需要太多時間考慮：擺放在結帳口附近的這些商品都是消耗品，且價格相對一般較便宜。因為它們的價格較低，消費者通常不會考慮太多或是太久，因為這是一種簡單的購買行為。這些商品也很容易吸引女性或小孩的注意，因為一般而言，女性的注意力往往會放較多在小額商品上，因此顧客也較容易在沒有經過事先計畫或搜尋下而購買。

原因3. 提高使用坪效：由於店租價格都不低，因此商家往往會將每一寸空間都物盡其用。這樣不但可以提高商場空間的使用率，也可以提高消費者的時間利用率。試想一下，當你在超市結帳時，是不是每當大排長龍就會無聊地盯著前方，而通常在此時你就會看到在結帳口附近空間所陳列的商品，這時你很可能就掉進了店家的陷阱。

另外，也可能因此分散了排隊浪費時間的憤怒感，當你的注意力轉移到店家在結帳口附近的商品時，就會忘記你正在排隊、等待，反而多了支出了一筆消費。因為人的注意力有限，注意力可以說是稀缺資源，吸引到注意力就如同掌握了這種資源，必定會替店家帶來可觀的利潤。

作為一個消費者必須要瞭解，無論店家做出什麼樣的舉動，最終目的都是追求最大化的經濟效益。因此，唯有計畫性的購物才能讓消費者避免衝動性購物，造成不必要的浪費。

91 為何音樂會增加購物欲望？

▼心理學關鍵字：消費情緒

來說說我美好的購物經驗吧！
①

我經常會在超市快打烊的時候去買東西。
7
入口
②

因為這時經常有買一送一的麵包。
③

我也喜歡在播放優美音樂的商場中逗留。
④

這時候購物心情總是很好。
⑤

也難免會再多買兩件……
⑥

人的消費心理通常是由人的「消費情緒」所決定的。

一般說來，消費者在情緒較好的情況下，比較願意掏出錢來消費，並且在這種情況下所做成的購買決策，後悔的機率也比較低。

而「音樂」這個環節，在影響消費者的情緒上，扮演著不容忽視的角色。

心理學家研究發現，消費場所播放的

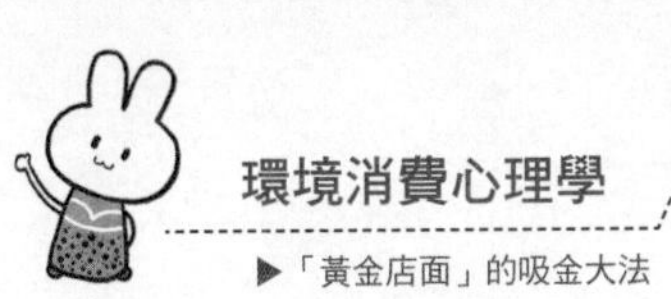

音樂能對消費者的消費情緒與欲望，產生非常重要的促進作用。

心理學家曾經做過一項實驗，在兩個月的時間裡，同一家超級市場每天隨機地播放兩種背景音樂：一種是每分鐘一〇八拍的快節奏音樂；另一種是每分鐘六十拍的慢節奏音樂，或者不播放任何音樂。

結果發現，播放快節奏音樂時，顧客的平均行走速度比在慢節奏音樂下快了十七％，沒有播放音樂時的行走速度則介於兩者之間。讓業者更感興趣的是，在播放慢節奏音樂的時間內營業額比播放快節奏音樂時的營業額高出了三十八％；同樣的，不播放音樂的營業額則介於兩者之間。

由此可見，輕鬆、慢節奏的音樂可以讓消費者在愉悅的氣氛中怡然自得，促成消費者下購買決策；相反的，快節奏的音樂，則會讓消費者集中精神，加快採購速度或消費，無形中幫消費者節省了時間成本，同時也讓店內的服務動作與客流速度加快。

大多數的消費者在被問及：他們是否意識到在購物時，店家所播放的背景音樂為何，縱使回答大都是否定的，但不可否認的，音樂與消費行為仍具有直接關係。所以我們常常看到酒吧或咖啡廳裡播放的音樂大都是輕鬆的、慢節奏的，顧客就在這種悠然自得的環境下淺飲低酌，不知不覺地喝了一杯又一杯。

音樂的選擇同樣因人而異，隨時間和場合的變化而有所不同，也會帶來不同的效果。稍加留心你就能注意到：追求時尚潮流的地方，譬如青少年經常光顧的賣場和餐廳會播放搖滾和流行音樂，上班族常去的餐廳通常可以欣賞到爵士樂或經典的曲目、樂器演奏等；在奢侈品消費場所總能聽到高雅的古典樂曲……，但無論播放何種音樂，店家的安排都只有一個目的：延長消費者的消費時間，放鬆消費者的心情，以賺更多的錢。

92 為何香噴噴的味道能激起購物欲？

▼心理學關鍵字：氣味吸引

有時，麵包店剛剛烤出爐的麵包，所飄散出濃濃的香氣會讓我們忍不住上門購買。

根據經驗，路過某些餐廳會飄出美食的香味，像是牛排館的濃烈誘人香氣、熱炒店一盤盤香噴噴的好菜……，也都會吸引不少客人聞香而來。這是為什麼呢？「氣味」營造真的會對消費造成影響嗎？

心理學家說，人

們大多數的購買決策都是建立在感情基礎上的。在人類所有的感官之中，嗅覺對人的感情最具有隱藏性的影響力，嗅覺也是改變人們行動最快的方式之一。因此，很多店鋪會透過精心設計的香味來增強購物氛圍。

譬如當顧客在一家服裝店試戴領帶時，可能會注意到很多事情，包括服飾店中央的盆景、吸引人的廣告，可能還有輕柔的背景音樂……，但他們可能並未明顯注意到商店裡的香氣——這是精心布置的、從香氛精油飄散出的一種混合著橡樹、皮草和軟煙草香味的隱約味道。這香氣淡淡的，讓人不是立刻有意識地去注意到，而且店家的本意也是使它存在於若有似無之間。它的目的是要吸引顧客潛意識中的注意力——特別是女性顧客。

美國的一項調查發現，女性顧客占了所有購買領帶者的六〇%。因此，店家即根據了目標市場精心設計服飾店中所用的香氣。也就是說，在決定一家商店裡飄散的香味濃度時，目標顧客的性別也應列為考慮內容。

此外，研究還證明，女性比男性有更好的嗅覺能力。心理學家曾在法國的一座小城市做過一項持續數星期的實驗，並且只選擇晚上的時間作觀察。這是一家小披薩店，共有二十二個座位，菜單也很簡單，譬如主食就只有數種披薩與四種肉食主菜。而安裝在牆上的噴霧器會定時啟動，氣味分為薰衣草和檸檬兩種。根據事先對香氛氣味的研究，薰衣草香精可以幫助身心放鬆，而檸檬則有刺激醒腦的效果；並引入「無香氛」做為實驗控制條件之一。統計實驗期間，顧客在店裡的時間長短、以及平均每位顧客的消費金額。

統計資料顯示出「檸檬」香味獨佔鰲頭。這種香味能鼓勵顧客待得更久、消費得更多。因此，在某個地點聞到一種熟悉的氣味，這氣味本身從某種角度而言已經刺激到了嗅覺；正如音樂一樣，嗅覺氛圍也會激發某種特殊的心理狀態，影響到人們的消費行為。

93 「七秒鐘」讓你挑到喜歡的色彩！

▼心理學關鍵字：「七秒鐘定律」

又是一個適合
逛街的好天氣。

新開幕
全館大降價
進去看看。

這家店的風格
我好喜歡哦！

這個、那個我都要了。

女人的錢真好
賺，我也去做
包裝設計好了

隨著消費水準的提高，消費者更加注重使用產品所帶來精神上的愉悅、以及心理上的滿足。

因此，想要讓產品更能吸引消費者注意，就需要著重在產品的外觀包裝上，才易喚起消費者的購買欲望。那麼究竟該怎麼做最容易達到效果呢？

有一個很著名的「七秒鐘定律」，說明面對琳琅滿目的商品，人們僅僅用七秒鐘就可以確定對商品是否感興趣。而在這短暫而關鍵的七秒之中，色彩的作用就達到六十七％，成為決定人們對商品喜好程度的重要因素。甚至可以說色彩幾乎左右了消費者最重要的購買選擇。

一般來說，消費者在選購產品時主要是憑視覺，在保證商品不存在品質問題的前提下，首先就會對商品所呈現出的色彩做出喜愛或厭惡的判斷，進一步對自己喜愛色彩的商品產生購買的欲望，最終形成實際的消費行為。

而產品外表的色彩、包裝的顏色、以及廣告採用的色調等，都會直接影響消費者的購買心理，從而影響消費者的情感，進而影響它們的消費行為。

若是將人們對語言文字和圖片的記憶力相較，大多數人都會對圖片的記憶力比較強烈。而又有研究發現，帶有不同的色彩、並且獨特搭配的色彩語言，會形成圖片在大腦中的儲存記憶增加了一倍以上。若是能恰如其分的運用色彩，就會強力地刺激消費者的視覺，讓色彩在大腦中成為一種強勢的語言。

像麥當勞就是一個最佳的例子，簡潔且用色大膽鮮明的亮黃色企業標誌，十分豔麗顯目，易於引起消費者的注意和記憶。同時，在產品的包裝、以及廣告上大量的運用紅色來做為配色，更加帶給消費者視覺上強烈的刺激。麥當勞運用了黃色與紅色互相搭配的色彩語言，果然成功地挑起了消費者的食欲與消費欲望，讓消費者留下極為深刻的影響。

94 最舒適的溫度，最能挑起顧客購物欲

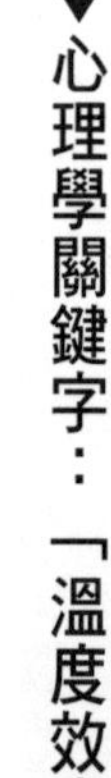

▼心理學關鍵字：「溫度效應」

①
一位優秀的企業管理人員，
做事必須親力親為。

②
要時刻關心顧客的反應。

③
經過大量的問卷調查，我們
發現 25℃時人體感覺最舒適。

④
我們商場的溫度
設定在 25℃。

⑤
我就是在工作中，
認識了我家親愛的。

⑥ 當然希望我們愛情的溫度
也永遠恒溫啦！

我們每個人都應該有深刻的體會，溫度的高低會直接影響我們的情緒。

研究證明，當氣溫在攝氏二十度至二十五度的情況下，人的心情最為舒暢；在十八度至二十度時人的工作效率最高。當環境溫度超過三十四度以上時，不僅會讓人大汗淋漓、心情煩躁，還會產生易怒的行為。

而當氣溫過低

時，人又會手腳僵直、萎靡不振。當室溫降到攝氏十度以下時，更會感到情緒低落、身體凍僵不聽使喚。氣溫低於四度以下時，更嚴重影響身體機能與思維效率。因此，在消費者的購物環境中，對溫度的控制也是有技巧的，氣溫也常會影響人們的購物情緒。

心理學家發現，溫度和顧客的「購物欲」之間存在著某種微妙的聯繫。僅僅數度的變化，甚至會影響到顧客的消費欲。整體而言，商場溫度控制在攝氏二十五度時會讓人體感覺最舒適。太熱，顧客感到煩悶而不願意停留；太冷，顧客也會因畏寒不想停留過久，甚至麻痺本來很旺盛的購物欲。

一間女性服飾專賣店就曾做過測試：在春、夏新裝剛上市時，先將該服飾店裡的空調溫度調高了幾度，於是專櫃的新裝一下子就賣出好幾件，有些服飾銷售額增幅甚至達到一倍之多。不過，一旦把溫度調低，春夏裝就又變得不好賣了。連續試過好幾次，每次效果都很明顯。

也就是說，攝氏二十五度是商場裡最適合的溫度，在這個溫度下，顧客才會感到最舒適，願意增加在商場逗留的時間，情緒也通常也最為平穩。而在炎熱的夏季裡，商場裡離空調出風口較遠的死角，溫度約維持在二十八度、甚至三十度，客人就不太願意在商場裡停留，生意自然也就變差了。

不過，不同商品類別有時對溫度的要求就會不太一樣。譬如賣西裝的男性服飾店，就會希望溫度「冷一點」；運動服飾店則希望溫度「熱一點」，這樣透氣的排汗衣等商品就會賣得快一點。對於一般專賣店來來說，最合適的溫度是二十二度，根據統計，在這樣的溫度之下生意最容易成交。

95 用櫥窗營造氣氛，抓住顧客的心

▼心理學關鍵字：「櫥窗效應」

①
哇，泳裝耶！

②

③好獨特的櫥窗設計啊！
真是吸引人！

④
我又想到海邊旅遊渡假了！

有一天，一位女士走進一間帽子店，老闆微笑著迎上去說：「早安，夫人。」「早安！」那位女士回答道，「你們櫥窗裡有一頂紅色的帽子，就是鑲藍邊的那一頂，請你把它從櫥窗裡拿出來好嗎？我已經看它好久了。」老闆趕緊說：「好的，夫人，很願意為您效勞。」老闆一邊讓店員從櫥窗裡拿出那頂帽子，一邊暗想：「看來這位顧客早就選定了，我一定要儘快把這頂帽子賣掉，它已經在櫥窗裡放置很長一段時間了。」

老闆問女士：「夫人，您是要把帽子放在盒子裡?還是直接戴走呢?」女士回答道：「啊，我並沒有想買，我只是希望你把這頂帽子從櫥窗裡拿出來罷了。我每天都經過你的商店門口，實在不想再見到櫥窗裡放著這個醜陋的傢伙了。」這個笑話其實從另一個角度告訴我們，櫥窗究竟在購物中扮演了何種吸睛的角色。

「櫥窗效應」，可以說是銷售商品的各項因素之中，最先帶動顧客心理反應的一個部分。從「櫥窗」開始引發一系列的消費心理變化，包括最先形成對一個品牌、或一間店的整體印象。根據一項調查結果顯示，八〇%成功出售的鑽戒，都是顧客直接先從櫥窗看中意的，這足以證明櫥窗對於商品不容忽視的重要作用。因此，愈是高檔的品牌愈要注重櫥窗陳列的藝術。業者常用在櫥窗設計上，有以下幾個特別的方法：

心理戰1. 精選商品，突出品牌風格：櫥窗所要介紹的主題往往是當季最夯的商品，顧客觀看櫥窗的目的也是為了獲得商品最新情報與資訊，進而為選購商品做參考。因此，櫥窗設計一定要精心選擇商品，把那些當季樣式新穎、風格突出的新產品或特色商品介紹給消費者。

心理戰2. 塑造完美形象：在櫥窗中陳列的商品並不是獨立的，它總是利用許多其他陪襯的商品來烘托。為了突顯主題，並且避免喧賓奪主，就必須從櫥窗的整體布局上，採用藝術的手法來考慮整體的設計陳列，使櫥窗的布局能讓消費者留下美好的整體印象。

心理戰3. 營造氛圍，啟發消費聯想：對於大型櫥窗的設計，常會用「以景抒情」的視覺藝術手法來呈現主題，對各類商品進行描繪和渲染，構成完美協調的立體畫面，這是櫥窗設計中經常使用的方法。這樣的方式能讓所陳列的商品更耐人尋味，讓消費者產生豐富的聯想，進而激發購買欲望。譬如夏季游泳用品的櫥窗陳列，常會設計出以大海、沙灘、椰林為背景，再由各式泳裝巧妙勾勒出泳客的矯健身姿，並搭配救生圈、遮陽傘等相關物品，讓人聯想到在烈日炎炎中，海邊消暑的夏日愉悅景象，帶來身歷其境之感，引起消費者的購物欲。

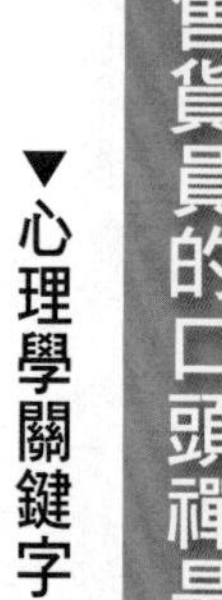

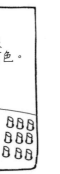

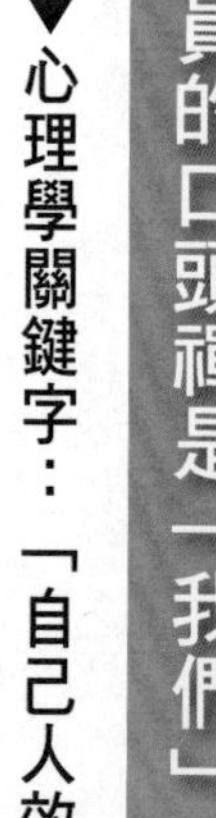

96 為何售貨員的口頭禪是「我們」？

▼心理學關鍵字：「自己人效應」「心理距離」

①
哎呀，口紅快用完了。

②
化妝品
在這邊。

③
好多種顏色呀！
但是不知道好不好用呢！

④
您放心，我們家的
口紅是熱銷商品。
⑤
這個顏色是我們家
的主打色。

⑥
售貨員好親切啊！

有些時候消費者明明是第一次到某家百貨公司或某間超市，厲害的銷售員都會像遇見熟人一般，親切地招呼著顧客，開口、閉口都用甜甜的、熟悉的語氣說「我們……」。

譬如說：「這是我們店裡剛到的新款式」、「今天我們店裡舉辦促銷活動，全場商品打八折喔！」「我們有很棒的鞋子在樓上」「我們再來看看，還有沒有別款適合您的衣服」……；就算是想要拒絕消費者，也還是會用上「我們」的字眼：「不好意思啊，我們的特價商品是不能試穿的。」

或許有人覺得初次見面的售貨小姐一直說「我們」有點虛假，但絕大多數消費者聽到之後，心裡還是會覺得很受用，這就涉及到心理學效應中的「自己人效應」。

所謂「自己人」，是指對方把你與他歸於同一類型的人。「自己人效應」是指對「自己人」所說的話更加信賴、更容易接受。相信很多人都能理解這個道理：當聽到「你們」的時候，給人的感覺是說話的人與聽話的人是處於不同的立場，分屬於不同的團體。

當聽到說「我們」的時候，則容易產生認同或有共鳴的效果，一是表示「我們」，二是排除掉「你」之後的「我們」。所以，為了顯得更加親密，就直接使用略顯親切的「我們」，表示兩者處於同一個立場上，同屬一個團體。這樣就能夠在心理上拉近彼此的距離，消除對方的戒心，若是善用這種心理效應就能有效地達到影響對方的作用。

在人的潛意識裡，都希望他人對自己抱持關心和重視的想法。對於一個會向我們表示強烈關心、重視的人，我們也會在不知不覺中對其產生好感。

心理學家認為，要贏得對方的好感，既可以透過縮短空間距離來增加親密程度；還可以透過使用有效的稱呼方式來縮短「心理距離」。

售貨員對消費者稱「我們」，是一種誘導的方法，它能消除雙方買與賣的對立關係，聽起來更像是平等的、親密的朋友關係，使人倍感親切，不知不覺中就與對方拉近了心理距離，增加了親密程度，讓交易更容易成功。

97 服務態度決定消費者願意掏多少錢！

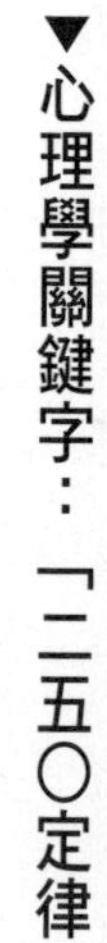

▼心理學關鍵字：「二五〇定律」

①
歡迎光臨

②
在這樣的環境中購物
有女王的感覺，哈哈！

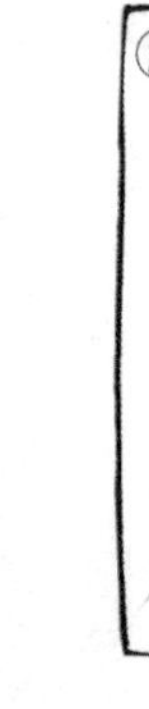

③
還有售貨員親切的態度。

④
收銀
這都會讓我心情大
好，讓我想買更多。

在消費者眼裡，銷售人員代表的就是店家，因此，消費活動的成敗在很大程度上取決於銷售人員的工作效率和行為表現是否符合消費者的需求。也就是說，銷售人員服務態度的好壞會引起消費者的不同情緒反應，最終影響到顧客的購買行為。

美國著名推銷員喬・吉・拉德在商戰中總結出了「二五〇定律」。他認為每一位顧客身後，大約會有二五〇位與其有相關聯的親朋好友。如果你贏得一位顧客的好感，就意味著贏得其他二五〇個人的好感；反之，如果你得罪了一位顧客，也就意味著得罪了二五〇位顧客。

美國心理學家曾從顧客、銷售人員的關係上，來解釋銷售人員在銷售中的影響力。

情況1. 顧客遇到自己滿意的商品，銷售人員也十分熱情誠懇，服務態度周到。在這種情況下，顧客的心理是處於平衡的狀態，通常情況下，交易成功的比例很高。

情況2. 顧客看中了某一件商品，而銷售人員對這件商品心中抱持著否定的觀點。顧客雖然不滿意銷售人員的態度，但內心仍然以能買到讓自己滿意的商品而感到安慰，顧客的心理也處於平衡狀態，通常也會完成購買行為。

情況3. 顧客對於商品不太滿意，但銷售人員能體貼顧客的這種心情，不勉強顧客購買，也不刻意地推薦，顧客對銷售人員產生較佳的信賴感，心理上亦處於平衡狀態，進而對該店亦產生好感。也許這次沒有挑到自己喜歡的商品，但下次還是有可能再度光臨此店，完成購買行為。

情況4. 顧客不喜歡該商品，但銷售人員還是賣力地向顧客推銷。由於顧客心理產生了保護作用，因此通常不會被銷售人員的行為所打動，反而會形成我行我素、略呈戒備的心理狀態。

情況5. 顧客在商店沒有買到自己滿意的商品，銷售人員對顧客的態度也不佳，令顧客心中非常反感，甚至後悔來此購物，產生心理強烈的不平衡狀態，這是最差的結果。因為顧客在這裡受了氣，又買到了不滿意的商品，顧客會以更強烈的消極情緒來傳播他們不愉快的心情，把購物環境的惡名傳得更遠，造成嚴重的不良後果。

既然我們知道了態度的力量，也知道態度決定一切。究竟該如何提供顧客好的服務態度呢？

一是要真心，只有真心為顧客著想，才能最易被顧客接受。

二是要用心，只有用心站在顧客的角度思考，才能提供顧客最需要的服務。

三是要專心，日常的經驗積累很重要，尤其對於顧客心理、與自己銷售產品的相關專業知識都要專心去研究。

四是要誠心，對顧客言必稱「我們」，所以應有視顧客為好友的誠心，不僅僅是虛情假意的應付顧客。如此做到以上幾點，才能建立顧客的信賴感，大幅提高其消費意願。

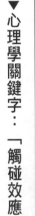

98 友善的交流，增加在商店的逗留時間

▼心理學關鍵字：「觸碰效應」

①
收集耳環是我的嗜好。

②
這家店是我的風格。

③
您試試這個，很適合您的。
嗯！

④
我幫您戴，真漂亮啊！

⑤
時間過得好快啊，這些都幫我包起來吧！
¥

⑥
我要把這個首飾盒裝得滿滿的！

在銷售行為中，售貨員與顧客之間會經常不斷地進行各種各樣的資訊交流，最常用的溝通方式就是用言語來溝通。但事實上，肢體語言的溝通往往能產生更大的作用。

你有沒有想過，有時你在商店裡待得比較久，可能是因為售貨員輕觸過你手臂的緣故。

你或許會覺得很吃驚，不過，有心理

學家研究證明，在恰當的情況下，進行適當的身體接觸，會對消費行為產生積極影響，這就是「觸碰效應」。

觸碰在我們日常生活中普遍存在，以至於幾乎忽略了它的影響力，這也是大概受時間變遷而變化最少的一種感覺。

肢體碰觸是一種典型的社會性感覺。如果說聽覺、嗅覺、視覺能被用來影響消費者的行為，那麼觸碰這種感覺，譬如在我們皮膚上短暫的按壓，同樣能影響消費者的行為，甚至影響對他人及對周圍環境的評價，卻不為自己所覺察。

心理學家曾做過這樣一項實驗，在位於大城市中心的一間商店裡，在兩天前即打出大減價的促銷廣告。當顧客隻身走進該店，實驗人員會根據不同情況，裝作是售貨員走向該顧客，遞給他一份印有促銷商品的目錄。

在這短短的互動中，售貨員會在交付給顧客停車證時無意輕觸顧客的手臂一、兩秒；另一組實驗人員，則不能碰觸到顧客的手臂。當顧客準備開回停在商店車庫裡的汽車時，實驗人員再請他填寫一張關於對商店評價的問卷，並在顧客不知情的情況下，測量他在商店裡逗留的時間以及他的消費金額。

實驗結果是：被不經意輕觸的那一組顧客，在商店裡逗留的時間最久，對商店的評價也更為正面。此外，顧客在觸碰條件下的平均購買金額也最高。顯示經由肢體上的接觸，不僅能增進顧客對售貨員的信任，更能為銷售業績帶來明顯的成長，甚至對購物地點的好感度也會上升。

但在現實生活中，除了以握手這類的肢體接觸，來結束一段商業交易行為之外；在其他時候，最好還是要特別注意、拿捏好這類肢體上的接觸，以避免尷尬與不必要的誤會。

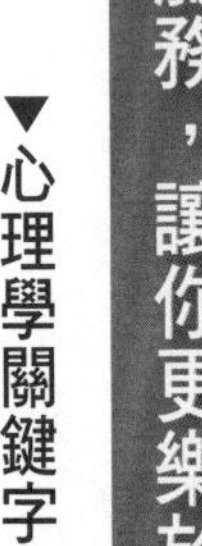

99 微笑服務，讓你更樂於消費！

▼心理學關鍵字：「微笑效應」

①
請問有什麼需要嗎？

②
沒看到什麼合適的呢！

③
沒關係，請慢走，
歡迎下次光臨。

④

Bye、bye~，我下次再來。

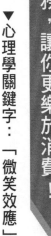

⑥
真是喜歡這樣親切的購物環境。

想想看，你是不是會更願意在微笑的售貨員手裡買下一件衣服？有時是不是會覺得是服務態度親切的售貨員用微笑「引誘」了你花更多的錢？

這就是微笑在消費行為中的作用，利用微笑在瞬間縮短人與人之間的心理距離，增添別人對自己的善意和信任，這也叫做「微笑效應」。

對於服務業來

說，最重要就是微笑服務，沒有什麼能比得上一個燦爛的微笑，更能提升個人魅力、更能抓住對方的心。美國一家百貨業的人事經理就曾經說過：「她寧願雇用一位沒上完小學，但卻有愉快笑容的售貨員，也不願雇用一位神情憂鬱的博士」。由此可見，提供微笑服務在消費活動中是多麼重要的一件事。那麼銷售人員究竟該如何向顧客提供微笑服務呢？

1. **真誠的微笑**：銷售人員在顧客面前最好流露出自然而甜美的微笑，這樣會給人一種親近、友善、和愉悅的感覺。要使微笑自然、真誠，就應拿捏好分寸，既不能做作，也不應過分，發自內心的笑容才是最易於讓人接受的。

2. **輕鬆的微笑**：每個人都會遇到不順心的事，也不可能天天都保持心情愉快。不過，由於銷售工作具有服務的特殊性，因此，銷售人員絕對不能把自己內心的喜怒哀樂各種情緒發洩在顧客身上。所以銷售人員必須要學會控制自己的情緒與態度，學會分解和淡化自己所遇到的煩惱與不快，在工作中要時時刻刻保持一種輕鬆的情緒，讓歡樂永遠伴隨自己，進而將這種心情傳遞給顧客。

3. **寬容的微笑**：銷售人員在提供服務時，難免會遇到出言不遜、挑剔麻煩的顧客。此時銷售人員千萬不宜露出怒色，應該盡量用一種包容的心情去對待。擁有寬廣的服務胸懷，在工作中就不會患得患失，接待顧客也不會斤斤計較，保持平穩的心境，讓微笑服務變成一件自然而然的事情。

4. **會意的微笑**：微笑服務更重要的是與顧客進行感情上的交流。在感情上把顧客當作親人、朋友，銷售人員不妨尋找與顧客可以溝通的地方，最簡單的就是用微笑來表達對他們的贊許、理解和感謝。

100 在消費環境中，營造色彩的節奏

▼心理學關鍵字：色彩心理學

①

這家店環境
設計真不錯。
②

心情突然變得
好好啊！
③

服務人員也好熱情。
④

我要刷卡，
這些統統包起來，
⑤

為什麼女人那麼容易
被購物環境所影響呢！
⑥

在選購商品時，前面文章中曾提過「七秒鐘定律」，這是消費者購物時的第一個考量。

其實，消費者不僅在選購時會注意商品外觀與顏色，就連整體消費環境的內部設計也會考量進去。

顧客進入商場的第一個感覺通常就是色彩。因此，購物商場在設計上特別重視對顧客的視覺傳達。

這裡的購物環境

色彩指的是賣場內壁、天花板、地面、窗戶和燈光的顏色。當購物商場內部恰當地運用、並組合色彩，調整環境之中的色彩關係，會對形成特定氛圍產生積極的作用，進而影響消費者的購物行為，這就是消費心理中的「色彩心理學」。

購物商場的內部環境設計，常透過色彩來創造特定的氣氛，既可以在最短的時間之內，讓顧客認識購物商場所要傳遞出的形象，也能使顧客獲得良好記憶與獨特的心理感受，同時還可以讓顧客感受到即時的視覺震撼，激發人們潛在的消費欲望。

以服裝賣場為例，在女裝區的各式服裝中，常會看到用衣服本身的顏色來做區隔，也就是將各色的服裝根據色彩的規律進行規劃和統一，在視覺上變得有序列、主次分明，易於讓顧客識別與挑選。另外，運用色彩的明暗、強弱、面積大小等手法進行商場陳列規劃，也可用色彩來製造賣場節奏感，以挑動顧客的購物情緒。這些色彩搭配方式既可用在服裝和飾品中，都可在商場背景中靈活地使用。

若是能掌握住色彩明亮度深淺的差異、面積的大小、色相的變化以及排列位置等不同的效果，就能產生如音樂般的節奏感。若是透過對其中一些元素進行變更，或是重新組合排列，同樣的一組設計也會產生不同的效果，彷彿整個購物商場充滿了節奏與旋律。因此，在購物商場中不僅要建立色彩的和諧搭配，還要整合購物商場中的諸多元素，建立一種整體相互呼應的關係。

針對不同的消費者而言，其對於不同色彩的敏感程度也會有很大的不同。一般來說，女性消費者、兒童較易受到色彩的影響，因此以他們為目標市場的商品應更注重色彩的作用。適宜的空間色彩、環境色彩、包裝色彩，都會對顧客產生強烈的暗示與吸引力，形成一種先入為主的好感，激發消費者對想要擁有商品的強烈欲望。

chapter 9

聰明消費心理學

用頭腦血拚，才能讓你省更多

101 直接打折與送折價券，你會選哪個？

▼心理學關鍵字：「折扣效應」

在正常情況下，喜歡商品促銷，是消費者購物時的普遍心理。如果逛街時，遇到商家打出「消費就打五折」或「或消費滿三百元就送三百元折價券」的宣傳廣告，你會選擇哪一個呢？

心理學家研究發現，人們對失去身邊的東西，會比意外得到東西更為敏感。舉個簡單的例子來看：若是弄丟二百元後，心理上的痛苦程度會比撿到二百元的開心程度來得大。

瞭解這個道理之後，就可以推想：打折雖然還是需要付費，但就好比少從口袋裡拿走些錢，消費者會覺得痛苦程度下降很多；若是贈送下次使用的折價券，就好比是多送東西，即便與打折的金額相當，但對於消費者來說，畢竟沒有立即解除支出心疼的感受。因此兩相比較，消費者通常在心中還是偏向直接打折的；而送折價券也只是業者一種吸引顧客再次上門的手段而已。

這是一種很常見的心理，因此許多商家會有意把折扣的比例縮小，譬如本來可以打六折，現在卻變為只打八折，而改用折價券的方式來補差額，以增加消費者的回頭率。這個結果顯示，當打折與折價券聯合使用，的確會激發人們的購買欲，增加消費的頻率。因此，要在店家強力的促銷中保持清醒的頭腦，就需要識破商家在促銷折扣中使用的弔詭手段，張大眼睛仔細看看在打折和折價券之間，究竟哪個更合算？

1. **打折最直接**：如果消費者打算購買大量、金額比較大的產品，最好選擇打折期間購買比較划算；若是購買金額較高的產品，卻只得到折價券，那就表示下次還要回到店裡再次消費，才能使用掉這些折價券，代表下次還有一筆可預期的支出。

2. **算清楚折扣的幅度**：譬如飲料「買一瓶送一瓶」的折扣並非不需要付錢，而是代表可得到五折的優惠。而「買兩瓶送一瓶」，代表消費者可得到的折扣是七折上下。

3. **折價券消費門檻愈低愈划算**：由於折價券通常都不找零，所以折價券的消費門檻愈低、愈划算。譬如「下次只要消費滿五百就可使用折價券」，絕對比「滿一千才可使用」來得划算。

4. **降低再次消費的機會**：盡量使用商品折價券購買價格高的商品，這樣可以避免折價券不找零的浪費，同時將折價券一次花光，再次消費的機率也就會愈小。

5. **停看聽，抑制搶購折價品的衝動**：要看清參加促銷活動的商品有哪些，不要盲目消費，導致買回去的商品沒有實質的用處。對於折價券也應理智看待，如果其他商品對於消費者並無購買的吸引力，消費者只是為了消化掉折價券而再次購物，就應該審慎考慮。切勿「想省錢，反倒增加了無謂的消費」。所以購物還是從自身實際需要出發為好，才能減少購物衝動，進行理性消費。

102

化整鈔為零錢，幫你省更多！

▼心理學關鍵字：「零錢效應」

①
親愛的，從今天起
你用錢要有節制了。

②
你看看這一個月
買了多少東西。

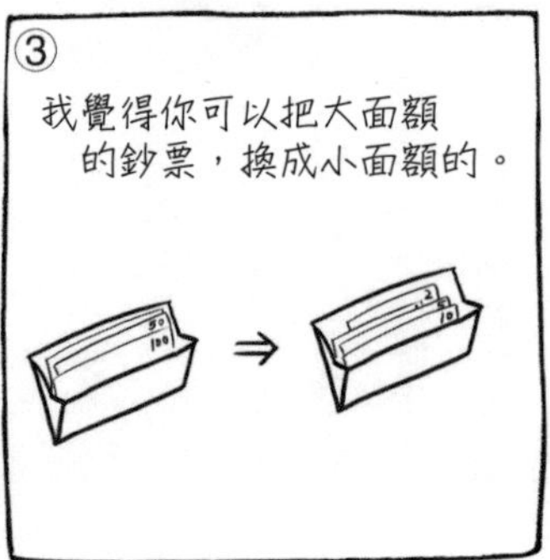
③
我覺得你可以把大面額
的鈔票，換成小面額的。

④
這樣的話當你看到貴的
商品時，就會多加考慮。

⑤
當你用零錢買
東西時會隨意的多。

⑥
老公你好
聰明啊！
這樣我們
就能存錢啦。

不知你有沒有想過，錢包裡放一張一千元、或是十張一百元，哪個最能幫你省錢？

其實，從經濟學角度來看，一張一千元與十張一百元的價值其實是一樣的。

然而從心理學觀點來看，持有金錢的面額大小會影響你使用那些錢的方式，也會影響支出的衝動性及消費的金額。

曾經有心理學家

做過一項調查：七十一％的被調查者會花一張一百元的鈔票購買糖果，但只有二十九％的人會用一千元的大鈔來購買相同價值的糖果。這就是「零錢效應」，即人們較不願意用零散的錢，去購買那些原本不在自己計畫內的大筆金額商品。

心理學家從兩方面解釋了這一現象：首先，金錢有交易成本。交易成本是任何金錢、時間或精力所需要花費的成本。如果你有一張一百元的鈔票，你可能會不用經過太多的考慮，就直接掏錢買下糖果；但如果你只有一張一千元的大鈔，可能會先想到可以買到的糖果數量，或者你會想等到整鈔換成零錢之後再購買。這些額外需要的過程可能會抑制你的消費衝動，使你不會想立刻購買。

其次，錢包裡的鈔票面額有時會提醒你進行特定種類的購買。如果你拿著小面額的鈔票，這會讓你傾向思考將其花費在一些較小額的開銷上，譬如購買糖果或者一杯咖啡。當你持有同樣一筆大面額的鈔票時，消費者不太容易在任意時刻去花費這張大面額的鈔票，通常會較認真地看待這一整筆錢，需要更多時間考慮與計畫大宗消費的相關行為，譬如會用千元大鈔買一輛腳踏車或是一台吸塵器。大額鈔票與小額消費不緊密的聯繫將幫助你控制自己的花費。

如果你是常透過很多小額消費而花掉很多錢的人，那你應該盡可能避免攜帶很多小面額的鈔票。因為儘管每一筆的數額都很少，反倒使你樂於進行這些小額消費，而增加了消費頻率。所以會有更易花錢的傾向。

如果你是那種傾向衝動地進行大宗購買的人，也就是說，你只對小錢精明，但對大錢沒什麼概念，那麼你可能要避免攜帶大面額的鈔票比較好。大面額的鈔票與大宗購買的印象呈正相關，所以，此時消費者不妨儘可能攜帶一些小面額的金錢來避免過度消費。

103 慎防旅遊消費中的「心理陷阱」

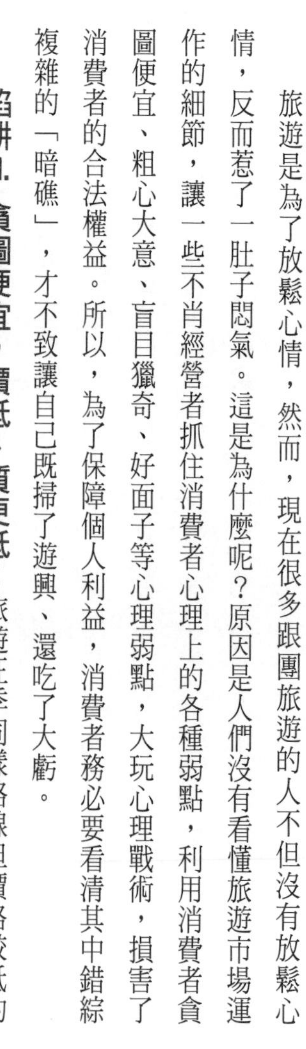
出門旅遊一定要提防
受騙上當。
①

上次旅遊
就被唬弄買
了超貴的香
去拜拜。
②

▼心理學關鍵字：消費心理弱點

旅遊是為了放鬆心情，然而，現在很多跟團旅遊的人不但沒有放鬆心情，反而惹了一肚子悶氣。這是為什麼呢？原因是人們沒有看懂旅遊市場運作的細節，讓一些不肖經營者抓住消費者心理上的各種弱點，利用消費者貪圖便宜、粗心大意、盲目獵奇、好面子等心理弱點，大玩心理戰術，損害了消費者的合法權益。所以，為了保障個人利益，消費者務必要看清其中錯綜複雜的「暗礁」，才不致讓自己既掃了遊興、還吃了大虧。

陷阱1. 貪圖便宜，價低、質更低：旅遊旺季同樣路線但價格較低的團，品質往往比較差。會出現併團、服務標準降低或自費景點過多……等現象，如不瞭解實際情況，不少消費者會因貪圖價格上的便宜而上當。許多號稱「一人成行」、「日日出發」的旅行團也大多是利用散客併團。由於是幾家旅行社湊在一起攬客，所以在價格和服務上的標準會比較混亂。為了節省成本，這種旅行團還也可能在景點、交通、住宿、用餐等方面降低標準。

陷阱2. 好奇心理，落入陷阱難脫身：一些不法旅行社利用遊客的獵奇心理與不敢與當地人衝突的弱點，強拉遊客參與各種高價娛樂項目，或是誘騙其進入色情場所，遊客一旦陷入其中便極難脫身。

陷阱3. 忽視細節，贈送的保險無實質保障：旅行社為招徠遊客，常常在文字上玩花樣，所謂的優惠和贈送保險等承諾有時無法完全兌現。譬如某些旅行社會在促銷廣告中打出贈送十萬元保險的字樣，事實上這十萬元保險是旅行社責任險，而此一保險是國家規定旅行社必須要購買的旅遊企業責任險，並不是旅遊意外險，只有當旅行社沒有盡到安全提醒、全程陪同、降低風險等義務的情況下致使遊客受傷，才能得到保險公司的賠償，而且保額只有十萬元，若真的出現重大事故時，這種賠償只是杯水車薪。

陷阱4. 利用宗教開出高價斂財：少數不法經營者利用遊客求開運、求平安的心理，將行程安排到不法人士所開設的宗教相關場所，引誘遊客燒香拜佛、求神問卜。利用各種名目向遊客收取錢財，或向遊客兜售護身符等物品。最後，遊客只好破財消災。

陷阱5. 餐館宰割花招多：某些旅遊景點會出現司機順勢為餐館招睞生意的現象。兩者相互合作，一些司機拉遊客前往指定餐廳用餐便可獲得獎金抽成，此類現象屢禁不止，也給旅遊目的地帶來了很不好的負面影響。因此，遊客在出遊前或到達後，應盡量先瞭解當地菜餚特色以及餐廳情況，最好可以經過查證，切勿輕信當地司機的推薦。在出遊前，遊客還應掌握一些基本的餐飲知識，對於沒有明確標價的菜色，或餐前的小菜、茶水等……，最好先向服務員詢問是否需要另付費用。

若是遊客遇到強收不合理的各種附加費用；或是遇到以上幾點旅遊糾紛時，不妨將相關證據收集齊全之後，再向有關部門檢舉投訴。

104 要如何善用意外之財？

▼心理學關鍵字：補償心理

①
真的是我們中獎了！！！

②
親愛的，會痛嗎？
這是真的嗎？
啊，好痛啊！

③
拿到錢我要
先買輛車。

④
然後還要買好多
漂亮的衣服……

你省省吧，我們
還是先把房貸繳

我們最好變裝
一下再出門吧！

在一個偶然的機會裡，一對靠打零工維生的夫婦花一百元買了兩張彩券，沒想到竟然中了三千萬元的頭彩。

興奮之餘，他們除了做慈善捐款之外，還將其中的一百多萬元贈送給自己的親朋好友。如果這三千萬元不是意外之財，而是辛苦打工所得，他們會這麼隨便贈與親友嗎？

其實，從理性的

角度看，不管錢是如何得來的，三千萬元就是三千萬元，不會有什麼差別。那麼為什麼意外之財會使人產生不同往常，讓人費解的行為呢？

心理學家說，這其實是人們因彌補過去的苦難心態，而產生的一種「補償心理」。當手中突然擁有一筆為數不小的錢財時，該如何妥善運用呢？以下是幾點建議：

建議1. 三思而後行：最好在最初幾周內避免作任何重大決定。與其匆忙草率地做決定，不如先將資金暫時存放在銀行戶頭裡，或者先存放基金中一陣子，等到自己平心靜氣，擬定好完整的投資或資產配置計畫時再妥善運用。

建議2. 財務清點：在決定怎樣處置這筆錢之前，你需要弄清楚確切的金額。通常意外之財的數目並不像它給人的感覺那麼多。通常在繳納完各種稅款之後，所得的意外之財可能已經大幅縮水。

建議3. 財務安全管理：對於大筆資金的投資與運用，首先還是要著重在解除財務風險。若是自己手上還有各類貸款與債務等財務缺口，譬如信用卡債、汽車貸款、甚至房貸……，應該優先考慮先利用這筆資金清償。

建議4. 慎選投資標的：一旦手上出現大筆資金，不妨試著選擇一個表現優異、信用評等佳的基金公司，然後將部份資金投入其中，以及降低投資風險。最重要的是不要進行不熟悉的投資，才是明智之舉。

建議5. 財不露白：對於親友的借貸，不要輕易相信口頭的承諾保證，一定要特別注意留有借款憑證，譬如保有銀行往來明細，或是簽立借據、本票……。這樣才能對自己的錢財往來流向有清楚的記錄與保障，不致讓錢財默默如流水般消失。

105 瘋彩券，買一個億萬富翁的希望？

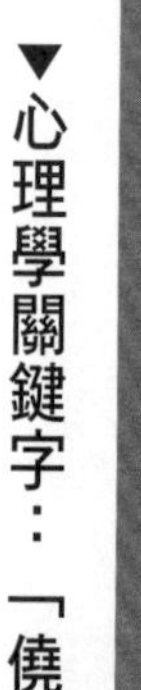

▼心理學關鍵字：「僥倖心理」

①
¥
您的消費金額可以參與商場的酬賓活動了。

②
可以選擇直接獲贈200元現金和抽獎，中獎機率不小，最多可獲得1000元。
奖

③
有機率拿到1000元呢！
奖

④
祝我好運吧！
奖

⑤
嗚嗚……
早知道就不要抽獎了。

⑥
好後悔啊！
都是僥倖心理作怪啦！

每到公益彩券快要開獎時，總有彩券行貼出「頭彩上看二億元」、「本行開出第三次頭彩」……，電視新聞偶爾也會搶播，好像告訴社會大眾有幾百萬、上千萬、甚至上億元的大獎正在等著你，吸引大眾投入參與。

人們心中也許明明知道中獎的機會很小，但仍願意為一個巨大的夢想而不斷地購買。這究竟是為什

麼呢？

不妨先來來看一個有趣的例子：某百貨公司周年慶為了吸引消費者舉辦了一項活動，消費滿二千元即可選擇參加下列兩項活動中之一：1.直接贈送二百元禮券。2.參加抽獎活動，若中獎可獲得一百元，並可繼續抽獎，直到不中為止。最高可連續抽獎十次，亦即最多可以獲得一千元。

根據最後統計，絕大多數人選擇了後者。但從統計學的機率來看，其實也許最後兩者的獲獎金額是差不多的；手氣不佳時，後者反而更少。這就與買彩券的心理是一樣的，即是由於人們的僥倖心理，大家都願意相信自己的運氣比別人好，也稱之為「迷戀小機率事件」。

再舉個簡單的例子，在地上撿到十元，這就可說是小機率事件。人們一般會對於過大或過小的數字概念比較模糊，比如對於一億元和五億元的差別不會太敏感。所以不論是〇・〇〇一％還是〇・〇〇〇一％給人的感覺是差不多的。

而且買了彩券之後，儘管自己從來沒有中過獎，但只要看到或曾經聽到有人中了獎，就會在心理上形成一種暗示——中獎機率還是很高的。所以造成了小投資、高風險、高回報的「簡單」假像，而產生想要以小博大的心理，強化了彩券迷的中獎欲望，一期期不斷地下注購買。

雖然人們在作出購買的決定時，都不單只從獲利的角度出發，但「迷戀小機率事件」卻證明了「僥倖心理」的存在。從某種意義上來說，買彩券和賭博是一樣的，都是抓住了人們的僥倖心理，不同的是彩券營收在國家監督下大部分是用於慈善事業。如果將彩券視為一種娛樂未嘗不可，但如果砸下過多的錢，把這當成一種投資獲利的方式就危險了。因為花錢愈多、期望愈高，當投入與回收不一定成正比之時，挫折可能就愈大。

要當心，若是這種挫折心理一再重複發生的時候，很容易誘發財務問題與心理失衡。

106 「心理帳戶」讓錢的價值不一樣！

▼心理學關鍵字：「心理帳戶」

①
親愛的，如果有500元的皮包和500元的電話卡，不得已的情況下，寧願掉哪個？
③
我選擇掉電話卡，那個比較不重要。

②
皮包掉了不見得能再買到，電話卡掉了隨時都買得到吧！

④
書上說的果然有道理，人們普遍存在一個心理帳戶。

如果你打算去聽一場音樂會，票價是五百元。在你準備要出發的時候，突然發現弄丟了一張價值也是五百元的電話卡，你是否還會去聽這場音樂會呢？實驗證明，大部分的受訪者仍舊會去聽音樂會。

可是如果情況改變，假設在你要出發時，發現把預購的音樂會門票弄不見了，如果你想要聽音樂會，就必須再花五百元重新買張門票。請問你是否還是會去聽？結果答案卻是，大部分人回答說「不去了」。

遺失了電話卡，損失的金額是五百元；而弄丟了音樂會門票的損失也是五百元，同樣是損失五百元，從損失的金額上來看，其實並沒有區別。但為什麼損失了電話卡後仍舊去聽音樂會，而遺失了音樂會門票之後就不再去聽了呢？答案其實就是人們的「心理帳戶」在作怪。

心理學家認為，我們每個人都有兩個帳戶，一個是經濟帳戶，一個是心理帳戶。在經濟帳戶裡，只要絕對量相同，每一元都是可以替代的。在「心理帳戶」裡，對每一元並不是一視同仁，它各自進行著預算和支出的運作，並影響著人們的消費行為。所以可說「心理帳戶」的存在，確實影響著人們的消費決策。

之所以會出現上文中的前後兩種不同結果，原因就在於人們的腦海中，把電話卡和音樂會門票歸到了不同的心理帳戶中。在音樂會的帳戶裡，其支出是五百元，並不會因為弄丟了電話卡而使音樂會的預算和支出發生變化，所以，人們仍然會選擇去聽音樂會。但是已經丟了的音樂會門票，和需要再買的音樂會門票卻都被人們歸入同一個心理帳戶，所以看上去，如果要聽這場音樂會，就要再花五百元才行，這樣人們當然覺得很不划算，而因此放棄。

一個十元等於兩個五元嗎？如果你仔細考慮一下，它們對你來說可能就不是數值上等價那麼簡單了。雖然事實上它們的確是等價的，但就是由於心理帳戶的存在和影響，使得你對它們的認識和態度會有所不同。那麼既然意識到心理帳戶的存在了，我們就要學會改進和避免類似的非理性行為。

若想要在類似的事件上多幾分理性的話，不妨換個角度來看待問題，看看自己的決策是否會和原先的一致。首先，你要對心理帳戶所導致的非理性行為誤區有一定的瞭解。錢是等價的，對不同來源、不同時間、不同數額的收入應該要一視同仁，做出一致性的決策。

其次，還可以用換位思考法，考慮自己處在相反的、或者在其他的情形下會如何決策。如果你在兩種等價的情況下所做出的決策是一致的、不矛盾的，那麼就說明你的行為是理性的、可依循的。

107 控制錯覺，讓你願賭「不」服輸

▼心理學關鍵字：控制錯覺

最近我覺得我家親愛的，
愛電腦比愛我還多。
①

下班回來就坐在電腦前，
也不理我。
②

叫他半天才有反應。
③

直到有一天，他跟我說……
親愛的，我把我們的
存款都投進股市了。
⑤

既然事情都已經這樣了，就
當是不經一事，不長一智吧！
⑥

當夜晚漫步在海邊，月亮高高掛在頭頂上時，儘管你知道月亮沒有跟著你走，但看起來不論你走到哪裡它都跟在你的背後。其實這就是「控制錯覺」。

1. 賭博中的「控制錯覺」：在心理學家看來，賭徒不斷賭博的動力就來自於「控制錯覺」，也就是認為各種隨機事件會受到自己的

影響和控制。

一項關於賭博行為的實驗證實了控制錯覺的存在。心理學家在對賭徒行為的研究中發現，與別人分配彩券號碼相比，賭徒們願意出四倍的價錢買自己選擇的、或是自己用電腦選號的彩券。另外，當賭徒和一位笨拙而緊張的人玩隨機遊戲時，他們會比和一個精明而自信的對手玩時下更多的賭注；同樣，玩擲骰子遊戲和轉動輪盤時，賭徒們通常也會信心滿滿，覺得會如自己所願。

此外，心理學家還發現，在賭博中擲骰子的人希望擲出小點時，出手相對輕柔；而需要擲出大點時，則出手相對較重。透過這些方法，從五十多次實驗中，心理學家一致發現人們行動時往往會認為他們能夠預測並控制隨機事件。而且，賭徒們一旦賭贏了，就會將之歸因於自己的技術或預見性；如果輸了，就會認為「差一點就成了」或者是自己「倒楣」。

2.股票交易中的「控制錯覺」：股票交易者也有類似的錯覺，操作股票的人喜歡由自己選擇和控制股票交易所帶來的「權力加強感」，就好像他們的控制和操作能抵禦「市場帶來的波動」一樣，其實二者之間可能根本毫無關係。

總之，在股票交易中我們愈是極力想證明自己的判斷和資訊是對的，愈是會回避和拒絕那些挑戰我們判斷的資訊。一旦我們相信某一支股票的市值一定會上升，那麼即使遇到了相反的證據時，也不會改變原來的決定。我們的信念和期待在很大程度上會影響對事件的心理印象。雖然我們有時也會有所收穫，但這種獲利在某種狀況下，也有可能要付出某些代價的。

就這一點來說，股票與賭博在心理錯覺上有相似之處；也就是說，股票交易與賭博一樣，在控制錯覺的作用下，我們會因過度自信而產生「驗證偏見」。

消費心情筆記

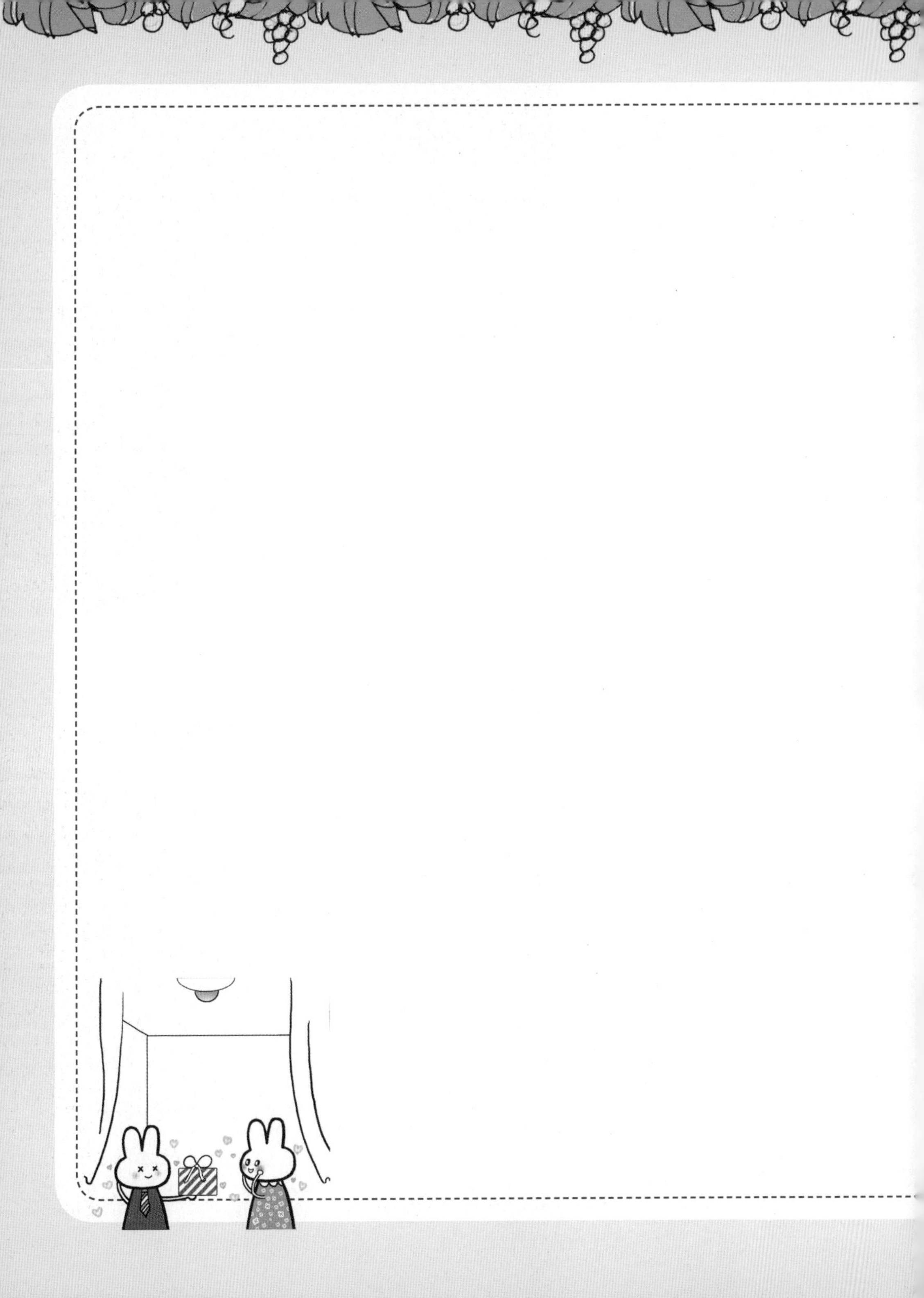

國家圖書館出版品預行編目資料

口香糖為何放在收銀台旁？—揭開消費心理學的107個祕密-- 何躍青著 一初版.--新北市：好優文化出版,聯合發行, 2013.7--
面; 公分
ISBN 978-986-6133-43-5 (平裝)
1.消費心理學

496.34 102010574

職場密碼06

口香糖為何放在收銀台旁？—揭開消費心理學的107個祕密

作者－何躍青
社長－陳純純
主編－尚緯忻
封面設計－陳姿好
行銷企劃－陳彥吟
法律顧問－六合法律事務所　李佩昌律師

出版・台灣地區－出色文化出版事業群・好優文化出版公司
新北市新店區寶興路45巷6弄5號6樓
電話：02-8914-6405
傳真：02-2910-7127
劃撥帳號：19915811
E—Mail：good@elitebook.tw
發行・台灣地區－聯合發行股份有限公司
新北市新店區寶橋路235巷6弄6號2樓
電話：02-2917-8022
傳真：02-2915-6275
香港地區－香港聯合書刊物流有限公司
香港新界大埔汀麗路36號中華商務印刷大廈3樓
電話：852-21502100
傳真：852-24073062

排　版－菩薩蠻排版公司
印　製－皇甫彩藝印刷股份有限公司

初版一刷－2013年7月
定　價－280元

廣 告 回 信
板橋郵局登記證
板橋廣字第891號

免 貼 郵 票

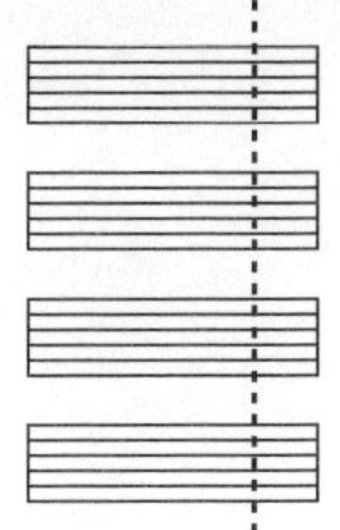

23145

新北市新店區寶興路45巷6弄5號6樓

好優文化出版有限公司

讀者服務部　收

請沿虛線剪下並對折寄回，謝謝。

書名：(好優) 口香糖為何放在收銀台旁？ — 揭開消費心理學的107個祕密

Great 好優文化

讀　者　回　函

姓名：________________ □女 □男　年齡________________

地址：____

電話：O:_____________H:_____________手機:________________

E-MAIL：____

學歷 □國中(含以下) □高中職 □大專 □研究所以上

職業 □生產/製造 □金融/商業 □傳播/廣告 □軍警/公務員 □教育/文化
□旅遊/運輸 □醫療/保健 □仲介/服務 □學生 □自由/家管 □其他

收入 □300萬以上 □300~200萬 □200~100萬 □100~50萬 □50~25萬
□25萬(含以下)

◆ 您從何處知道此書？

□書店 □書訊 □書評 □報紙 □廣播 □電視 □網路 □廣告DM
□親友介紹 □其他

◆ 您以何種方式購買本書？

□實體書店，________________書店 □網路書店，________________書店
□其他 ______________

◆ 您的閱讀習慣(可複選)

□商業 □兩性 □親子 □文學 □心靈養生 □社會科學 □自然科學
□語言學習 □歷史 □傳記 □宗教哲學 □百科 □藝術 □休閒生活
□電腦資訊 □偶像藝人 □小說 □其他

◆ 您購買本書的原因(可複選)

□內容吸引人 □主題特別 □促銷活動 □作者名氣 □親友介紹
□書名 □封面設計 □整體包裝 □贈品
□網路介紹，網站名稱______________________ □其他________________

◆ 您對本書的評價(1.非常滿意 2.滿意 3.尚可 4.待改進)

書名_____ 封面設計_____ 版面編排_____ 印刷_____ 內容_____
整體評價_____

◆ 給予我們的建議：____

——感謝您對好優文化出版品的支持——

膠水黏貼處

閱讀的力量

閱讀的力量

Great
Publish
好優
文化